Ouha YASSINE

Reserva Arganière: um baluarte climático natural

Ouha YASSINE

Reserva Arganière: um baluarte climático natural

Imprint

Any brand names and product names mentioned in this book are subject to trademark, brand or patent protection and are trademarks or registered trademarks of their respective holders. The use of brand names, product names, common names, trade names, product descriptions etc. even without a particular marking in this work is in no way to be construed to mean that such names may be regarded as unrestricted in respect of trademark and brand protection legislation and could thus be used by anyone.

Cover image: www.ingimage.com

This book is a translation from the original published under ISBN 978-620-6-70459-1.

Publisher:
Sciencia Scripts
is a trademark of
Dodo Books Indian Ocean Ltd. and OmniScriptum S.R.L publishing group

120 High Road, East Finchley, London, N2 9ED, United Kingdom
Str. Armeneasca 28/1, office 1, Chisinau MD-2012, Republic of Moldova, Europe
Managing Directors: Ieva Konstantinova, Victoria Ursu
info@omniscriptum.com

Printed at: see last page
ISBN: 978-620-3-13150-5

Contribuição para a avaliação do papel da Reserva da Biosfera de Argão na atenuação dos efeitos das alterações climáticas através do armazenamento de carbono (zona central da RBA)

Resumo

As recentes tentativas de atenuar os efeitos das alterações climáticas centraram-se no sequestro de carbono pelas florestas devido ao seu potencial para absorver CO_2 da atmosfera. No entanto, as consequências das práticas actuais de gestão florestal na capacidade de armazenamento de carbono são ainda controversas. Tendo isto em conta, o nosso estudo centrou-se no efeito da retirada de árvores de argão (RBA) no potencial de sequestro de carbono dos ecossistemas florestais de argão na zona biogeográfica da planície de Souss e Dir.

Foram estudados dois sítios (Admine e Ouameslakht) e foram identificadas três zonas em cada um deles: a zona central, a zona tampão e a zona de transição. A análise do potencial de sequestro de carbono no sítio de Admine mostrou que não havia diferença significativa entre as 3 zonas, enquanto o sítio de Ouameslakht mostrou um efeito significativo entre elas

No sítio de Admine, as reservas totais de carbono das diferentes zonas são de 65, 50,73 e 31,63 t C ha^{-1}, respetivamente para as zonas central, tampão e de transição. No sítio de Ouameslakht, as existências totais de carbono das diferentes zonas são, respetivamente: 44,75, 31,84 e 19,66 t C ha^{-1} para as zonas central, tampão e de transição.

A análise da dinâmica da ocupação do solo entre 1998 e 2021, nas duas zonas centrais, mostrou que, na zona central de Admine, a floresta de argão regrediu a favor das pastagens devido a uma forte pressão antrópica, apesar da suposta restrição de todas as actividades humanas, pelo que o objetivo atribuído a esta zona ainda não foi atingido.

Na zona central de Ouameslakht, a floresta foi reduzida em favor de terras menos produtivas, o que significa que está relativamente bem preservada em comparação com a zona central de Admine, graças ao estabelecimento de uma zona tampão nesta zona.

Palavras-chave: alterações climáticas, sequestro de carbono, ASR, zonas nucleares, dinâmica de utilização dos solos, Admine, Ouameslakht

Conteúdo

Introdução

As alterações climáticas são um fenómeno atualmente objeto de grande discussão na comunidade científica internacional, com o 5.º relatório do Painel Intergovernamental sobre as Alterações Climáticas (IPCC) a confirmar que as alterações climáticas têm um impacto importante no "sector terrestre" (agricultura, silvicultura, alterações do uso do solo). Em 2018, o relatório especial do IPCC recomendou que seria necessário alcançar a neutralidade carbónica à escala mundial até 2050. Este objetivo ambicioso de equilíbrio entre as emissões antropogénicas de gases com efeito de estufa (GEE) e o sequestro de CO_2 pelos ecossistemas é agora a referência para a maioria das políticas climáticas internacionais (Sylvain Pellerin et al., 2019).

É por esta razão que o Protocolo de Quioto (1997) decidiu avaliar e comunicar as emissões nacionais de carbono atmosférico reflectidas nas alterações dos reservatórios de carbono e estabelecer um inventário preciso das existências de carbono e do potencial de acumulação deste elemento nas florestas. Além disso, Ryan (1991) considerou que o conhecimento dos fluxos de carbono através da vegetação é de importância vital para compreender o estado atual e prever futuras alterações nos ecossistemas florestais. Os fluxos de carbono através das florestas estão intimamente ligados ao seu dinamismo e vigor (Campagna, 1996). Do mesmo modo, a quantidade de carbono orgânico num solo florestal é o resultado do equilíbrio entre a produção líquida da vegetação e a decomposição da matéria orgânica (Liski e Westman, 1997).

No entanto, as florestas mediterrânicas têm sido relativamente pouco estudadas deste ponto de vista, principalmente devido à sua baixa produtividade comercial de madeira, que ignora o seu papel na mitigação das emissões de GEE (Shaiek et al., 2010).

Entre as florestas mediterrânicas encontram-se as florestas de argão (*Argania spinosa*), endémicas do sudoeste de Marrocos, que cobrem uma superfície de 868.034 ha (IFN, 1999). Desde 08/12/1998, a floresta de argão foi declarada pela

UNESCO como a primeira Reserva da Biosfera de Marrocos, cobrindo uma superfície de mais de 2,5 milhões de hectares.

Em primeiro lugar, o principal objetivo de uma Reserva da Biosfera é conseguir a conservação sustentável de todo um ecossistema, a fim de manter a sustentabilidade. A região de Arganeraie, com todas as suas complexidades naturais e humanas, estende-se por várias unidades biogeográficas (montanhas, planícies, zonas húmidas e zonas secas). A fim de estruturar e equilibrar as funções da reserva, os responsáveis dividiram-na em várias unidades interdependentes, nomeadamente 18 zonas nucleares (zonas A) com 16 620 hectares, 13 zonas tampão (zonas B) com 582 450 hectares e zonas de transição ou "zona C", que compreendem as áreas da RBA não abrangidas pelas zonas A e B (DEF, 2020).

No entanto, atualmente, não há informações sobre os efeitos da designação da reserva da biosfera na contribuição das florestas de argão e dos seus ecossistemas para o sequestro de carbono e, por conseguinte, para a atenuação dos efeitos das alterações climáticas. Por esta razão, a quantificação exacta e eficaz das existências de carbono nos povoamentos e nos solos dos ecossistemas florestais de argão nas diferentes zonas de utilização do solo da RBA seria crucial para compreender a sua resposta à atenuação dos efeitos das alterações climáticas.

Com base principalmente em critérios biofísicos, a RBA foi subdividida em três zonas agro-ecológicas principais, cada uma com as suas próprias especificidades em termos de padrões de utilização dos solos, recursos de biodiversidade e serviços ecossistémicos. Assim, foram consideradas as três zonas seguintes: a zona do Alto Atlas, a zona da Planície e a zona do Anti-Atlas.

Nesta perspetiva, o objetivo do presente estudo é estimar a resposta dos stocks de carbono aos métodos de gestão, nomeadamente à criação da reserva, entre 1998 e 2021, na zona central da RBA (planície de Souss e Dir).

Para atingir este objetivo, propomos :

- Quantificar e avaliar os stocks de carbono das diferentes profissões em 2021, de acordo com as zonas da ASR (núcleo, tampão, transição);

- Cartografia da utilização dos solos na zona de estudo em 1998 e 2021;

- Análise do acompanhamento espácio-temporal das dinâmicas de ocupação do solo nas zonas centrais da planície do Souss e Dir : Admine e Ouameslakht.

Parte 1: Resumo bibliográfico

Capítulo 1: Ecologia da árvore de argão

1.1. Taxonomia e descrição botânica da árvore de argão

A árvore de argão (Argania spinosa) pertence à ordem Ebenales e à família Sapotaceae. Esta família tropical inclui cerca de 600 espécies em cerca de cinquenta géneros (Emberger, 1960).

Semelhante a uma oliveira, a argânia é descrita como uma árvore de terceiro crescimento (Boudy, 1950), atingindo uma altura de 8 a 10 m, consoante as condições ecológicas do meio. A sua copa é muito grande e extensa. O seu tronco é curto (2 a 3 m), nodoso, retorcido e muitas vezes múltiplo, constituído por vários caules entrelaçados. Os ramos são densos com pontas espinhosas, daí o nome "spinosa", onde florescem abundantes corpos frutíferos.

As folhas são frequentemente fasciculadas, inteiras, lanceoladas ou espatuladas, mais ou menos pecioladas. São verde-escuras na face superior e mais claras na face inferior. A folhagem é perene. No entanto, em caso de seca severa ou prolongada, as árvores de argão são obrigadas a perder as suas folhas para resistir à evaporação e começam a rebentar e a rebentar de novo, por vezes várias semanas antes do recomeço da estação das chuvas (Emberger, 1960).

A flor de argão é hermafrodita (Boudy, 1952). O cálice e a corola são constituídos por cinco sépalas e cinco pétalas, respetivamente. O androceu é constituído por cinco estames com filamentos curtos. O ovário ovoide, encimado por um estilo cónico, contém apenas dois ou três carpelos uniovulados. O fruto da arganeira, cujo estudo morfológico foi objeto de numerosos trabalhos (Emberger, 1960), é uma baga séssil constituída por um pericarpo carnudo ou polpa e um "pseudo-endocarpo" ou caroço, que contém as sementes, geralmente fundidas entre si e em número variável de uma a várias por caroço. De acordo com a sua forma e tamanho, distinguiram-se seis tipos de frutos: fusiformes, ovais, ovais apiculados, em forma de gota, arredondados e globulares.

As raízes da árvore de argão são muito desenvolvidas, e podem ser traçadas quando as rochas duras se opõem à sua extensão, o que lhe permite tirar partido mesmo de pequenas quantidades de chuva.

1.2.Distribuição da árvore de argão em Marrocos

A árvore de argão é uma espécie vegetal endémica de Marrocos. Ocupa uma superfície de 868.034 hectares (IFN, 1999). Forma estepes no sudoeste de Marrocos entre o Oued Tensift e o Oued Noun; estende-se de Safi a Sidi Ifni, na planície de Souss e nas encostas das partes ocidentais do Alto Atlas Ocidental e do Anti Atlas (Benabid, 2000).

No norte do país, encontra-se sob a forma de povoamentos isolados em duas estações particulares: a de Oued Grou, perto de Rabat, e a do maciço de Beni Snassen, a oeste de Berkane (Maire, 1939), distribuídos por cerca de 800 ha.

Em termos de altitude, a espécie varia entre o nível do mar, nas montanhas, e os 1500 metros nas regiões mais quentes (as montanhas que confinam com a planície do Souss). Este limite desce ligeiramente para norte.

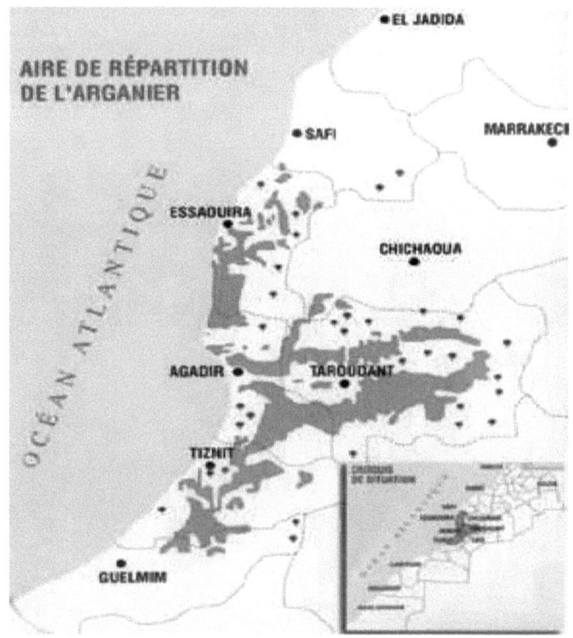

(Fonte: Peltier in M'hirit et al., 1998)

1Figura: Mapa da zona de distribuição da argânia no sudoeste de Marrocos

1.3.Ecologia da árvore de argão

A argânia é uma espécie termofílica e xerófila, mas requer um clima geralmente ameno, com elevada humidade do ar na costa atlântica, embora a influência oceânica diminua à medida que se avança para o interior. Na zona onde cresce a argânia, o clima é mediterrânico (Emberger, 1955).

O sub-mediterrâneo é o estádio vegetativo do arganazal (Achhal, 1986). O seu bioclima corresponde ao estádio árido em dois terços da sua superfície, enquanto o resto da costa, de Safi a Agadir, é uma zona de transição para o semi-árido (Peltier, 1982).

Do ponto de vista edáfico, esta espécie é quase indiferente à natureza do solo, uma vez reunidas as condições climáticas. É muito plástica em relação ao solo, crescendo em xistos, calcários e aluviões, embora as areias móveis não sejam hospitaleiras para a árvore, pois o sistema radicular fica descoberto e seca. (Rieuf, 1962).

Capítulo 2. Visão geral das MAB e das reservas da biosfera

2.1.Programa MAB_UNESCO

O Programa "O Homem e a Biosfera" (conhecido como MAB) foi lançado em 1971 pela UNESCO e é um programa científico intergovernamental que tem por objetivo estabelecer uma base científica para melhorar a relação entre as pessoas e o seu ambiente. Combina as ciências naturais e sociais para melhorar os meios de subsistência das pessoas e salvaguardar os ecossistemas naturais e geridos, promovendo abordagens inovadoras ao desenvolvimento económico que sejam social e culturalmente apropriadas e ambientalmente sustentáveis. É por esta razão que o conceito de reserva da biosfera foi originalmente desenvolvido em 1974, tendo sido substancialmente revisto em 1995 com a adoção pela Conferência Geral da UNESCO do Quadro Estatutário e da Estratégia de Sevilha para as Reservas da Biosfera. As suas diretrizes foram adoptadas em 1996 e definem os princípios de funcionamento das reservas da biosfera.

A figura 1 mostra a perceção do Conselho do MAB sobre as zonas de reserva da biosfera:

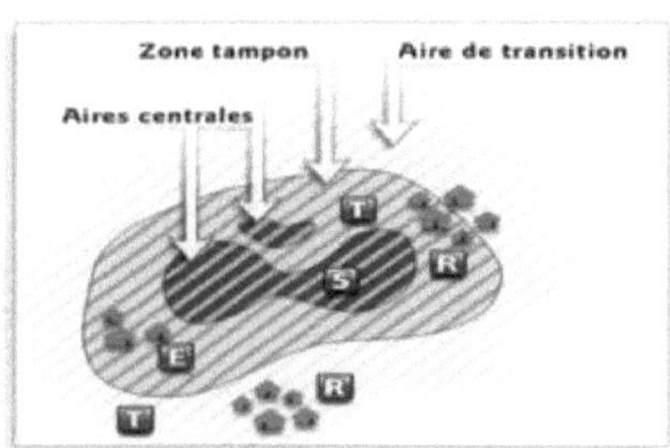

(Fonte: UNESCO, 2000)

2Figura: Zonagem de uma reserva da biosfera

2.2.Áreas protegidas e reservas da biosfera em Marrocos
2.2.1. Áreas protegidas em Marrocos

Reconhecido pela sua rica biodiversidade e pela qualidade das suas paisagens e ambientes naturais, Marrocos é um dos países mais empenhados na preservação do seu património natural e a sua experiência pioneira, nomeadamente em matéria de áreas protegidas, faz dele um modelo a seguir.

Este interesse particular pela conservação da natureza ilustra o empenhamento do Reino numa política de desenvolvimento sustentável, que visa salvaguardar a sua diversidade biológica e proteger as espécies ameaçadas.

Desde os anos 30 que Marrocos se interessa pela criação de áreas protegidas, tendo promulgado um dahir em 1934 que permite a criação de parques nacionais. O objetivo destas áreas protegidas é conservar, valorizar e reabilitar o património natural e cultural, realizar investigação científica, sensibilizar o público e proporcionar entretenimento, promover o ecoturismo e contribuir para o desenvolvimento económico e social sustentável.

Marrocos conta com dez parques nacionais. Entre eles, o Parque Nacional de Toubkal em 1942, o Parque Nacional de Tazekka em 1950, o Parque Nacional de Sous Massa em 1991, o Parque Nacional de Iriqi em 1994, os Parques Nacionais de Ifrane, Talassamtane, Haut Atlas Oriental e Al Hoceima em 2004, o Parque Nacional de Khenifiss em 2006, o primeiro parque nacional saariano do Reino, e o Parque Nacional de Khenifra em 2008, para além da extensão do Parque Nacional de Tazekka em 2004 e do Parque Nacional de Ifrane em 2008.

2.2.2. Reservas da biosfera em Marrocos

Para além desta rede de parques nacionais, Marrocos possui quatro Reservas da Biosfera, que promovem soluções que conciliam a conservação da biodiversidade com a sua utilização sustentável. Estas são :

2.2.2.1.A Reserva da Biosfera de Arganeraie (ABR)

A RBA é a primeira reserva da biosfera criada em 1998 no sudoeste de Marrocos. A reserva foi criada em torno de uma espécie florestal endémica de Marrocos, o argão (Argania spinosa), de grande valor biogeográfico e que constitui a principal caraterística do sector macaronésico marroquino. A floresta de argão proporciona múltiplas funções e utilizações às populações cujas actividades socioeconómicas estão estreitamente ligadas aos diferentes produtos fornecidos pelo arganazal. A Reserva da

Biosfera de Arganeraie (RBA) abrange uma vasta planície intramonótona com as suas orlas montanhosas, toda ela aberta para o Oceano Atlântico a oeste.

2.2.2.2.A Reserva da Biosfera dos Oásis do Sul de Marrocos (RBOSM)

Em novembro de 2000, a área das três províncias marroquinas do sul de Ouarzazate, Errachidia e Zagora foi reconhecida pela UNESCO como a "Reserva da Biosfera dos Oásis do Sul de Marrocos". Com o reconhecimento do estatuto de reserva da biosfera, esta região tornou-se parte integrante do Programa Mundial da UNESCO sobre o Homem e a Biosfera (MAB).

Os sistemas tradicionais de gestão dos recursos são acompanhados de estruturas sociais e culturais baseadas na solidariedade ativa no desenvolvimento de infra-estruturas, nomeadamente para a exploração e a mobilização dos recursos hídricos (Khettaras).

Era então necessária uma estratégia global de proteção dos oásis. Esta estratégia mobilizou os diferentes actores do desenvolvimento regional, os serviços técnicos, as universidades e os institutos de investigação, tendo em conta os pareceres de todos os interessados. O Ministério da Agricultura, da Pesca Marítima, do Desenvolvimento Rural e da Água e das Florestas é responsável pela gestão e pelo controlo deste espaço, em parceria com o Comité Nacional do MAB de Marrocos.

2.2.2.3.A Reserva da Biosfera Intercontinental do Mediterrâneo (MIMBR)

A RBIM é uma Reserva da Biosfera única. Como muitas outras reservas, é transfronteiriça, mas é a única reserva intercontinental do mundo. Abrange uma área de quase um milhão de hectares e é partilhada de forma mais ou menos igual entre as costas marroquina e espanhola. A parte marroquina está situada no coração da península de Tingitane. Na sua maior parte, diz respeito apenas à parte montanhosa do Rif Ocidental, conhecida como o país de Jbala. Abrange uma grande parte da província de Chefchaouen e zonas variáveis da Wilaya de Tétouan e das províncias de Fnidek, Fahs-Anjra e Larache.

Do lado marroquino, a RBIM contém numerosos ecossistemas naturais (florestais, costeiros e marinhos) de grande valor bio-ecológico. Alguns deles foram selecionados como Sítios de Interesse Biológico e Ecológico (SIBE), identificados nesta zona de Marrocos pelo estudo das áreas protegidas realizado entre 1993 e 1995: o Parque Nacional de Talassemtane, Jbel Bouhachem, Jbel Moussa, a Lagoa Smir, Oued Tahaddart, etc.

O objetivo da RBIM é melhorar as condições ambientais e trabalhar no sentido de um desenvolvimento sustentável, tentando simultaneamente criar e consolidar canais de comunicação e de participação para as comunidades locais e desenvolver a cooperação entre as duas margens. A parte marroquina da RBIM destina-se a proporcionar um quadro ambientalmente equilibrado a uma região atualmente em expansão económica.

2.2.2.4.Reserva da Biosfera do Cedro do Atlas (RBCA)

A Reserva da Biosfera do Cedro, situada no centro das montanhas do Atlas, foi reconhecida como Património Mundial pela UNESCO em 2016. Esta área é o lar do majestoso cedro do Atlas, que representa quase 75% da população mundial desta árvore.

A floresta de cedro, grande bastião da cultura berbere, cobre uma grande parte da cordilheira do Atlas e fornece à região recursos hídricos de importância vital, bem como zonas de pastoreio e de agricultura e potencialidades para actividades turísticas que, na sequência de uma tradição pastoril exclusivamente semi-nómada, exercem uma forte pressão sobre os recursos naturais.

Para além dos ecossistemas florestais naturais, a reserva inclui um mosaico de pastagens abertas de média altitude, caraterísticas das paisagens e dos modos de vida e culturas amazigh do Médio Atlas. O estatuto da RBCA permite-lhe atingir os seus objectivos de conservação e de desenvolvimento, capitalizando os projectos de gestão e de proteção dos maciços florestais das províncias de Ifrane e de Khénifra, nomeadamente nos Parques Nacionais de Ifrane, do Alto Atlas Oriental e de Khénifra.

2.3.A Reserva da Biosfera de Arganeraie
2.3.1. História do RBA

Na sequência da situação preocupante de degradação do bosque de argão, causada principalmente por uma forte pressão antrópica, o Estado implementou o reconhecimento deste bosque como Reserva da Biosfera de Argão (ABR) do programa Homem e Biosfera (MAB) da UNESCO, aplicando as recomendações da estratégia de Sevilha elaborada pela assembleia do comité MAB realizada em Sevilha (Espanha) em março de 1995.

Em 8 de dezembro de 1998, o Arganeraie foi declarado pela UNESCO como a primeira Reserva da Biosfera de Marrocos.

2.3.2. Localização geográfica

A zona de intervenção da RBA situa-se na área biogeográfica onde cresce a árvore de argão. A RBA cobre uma superfície de cerca de 2,5 milhões de hectares. Abrange as províncias e prefeituras de Agadir Ida Ou Tanane, Inezgane Ait Melloul, Chtouka Ait Baha, Tiznit, Taroudant, Sidi Ifni e Essaouira.

2.3.3. Definição e objectivos

A classificação do Arganeraie como reserva da biosfera pela UNESCO em 1998 estabeleceu os seguintes objectivos

> ➤ Estabelecer um diagnóstico global, incluindo o contexto fito-ecológico e de biodiversidade (Bendaanoun, 1998);
> ➤ Conseguir a conservação sustentável de todo o ecossistema de argão, a fim de manter a sustentabilidade ou, pelo menos, a continuidade dos processos e mecanismos da evolução natural do ecossistema;
> ➤ A conservação, a valorização e a regeneração dos povoamentos de argão para assegurar um desenvolvimento sustentável;
> ➤ Utilização racional dos recursos e utilização do saber-fazer local;

2.3.4. Funções do RBA
2.3.4.1.Função de conservação do ecossistema

Esta função diz respeito à proteção da biodiversidade, que constitui o grande desafio e o principal objetivo da designação de reserva da biosfera. Uma reserva da biosfera deve proporcionar um ambiente em que uma amostra representativa do ecossistema em causa possa ser conservada de forma sustentável, mantendo assim a biodiversidade e promovendo a continuidade do funcionamento natural e da evolução dos ecossistemas naturais.

2.3.4.2.Formação e sensibilização

Para assegurar a conservação e o desenvolvimento sustentável do ecossistema do argão, é necessário desenvolver acções de formação e de educação. A RBA disponibiliza centros de formação teórica e prática para investigadores, população local e visitantes.

2.3.4.3.Função de valorização e cooperação para o desenvolvimento

Os recursos naturais gerados pela RBA devem ser valorizados, preservando o potencial de regeneração a longo prazo do ecossistema natural. A fim de conciliar o desenvolvimento sustentável com uma utilização racional para satisfazer as necessidades da população local, a organização desta última em cooperativas e associações parece ser uma necessidade essencial.

2.3.5. O plano-quadro do RBA para 2002

Com o objetivo de implementar a RBA, foi elaborado um Plano Quadro entre 1998 e 2002, no âmbito do Projeto de Conservação e Desenvolvimento do Argão (PCDA), cofinanciado pela cooperação alemã através da GTZ. Em 2002 foi também criada uma Rede de Associações de Desenvolvimento Local envolvidas na RBA (RARBA).

A reserva foi zonada de acordo com as três zonas estipuladas nas normas da rede MAB da UNESCO para a criação de Reservas da Biosfera (Figuras 3 e 4):

Áreas nucleares ou zonas de proteção integral de longa duração, que permitem a conservação da diversidade biológica, o acompanhamento dos ecossistemas menos perturbados e a realização de investigação científica. A escolha das zonas baseou-se no território abrangido pelos Sítios de Interesse Biológico e Ecológico (SIBE), incluindo o Parque Nacional de Souss-Massa (PNSM). Além disso, outras zonas foram propostas pelos gestores locais após consulta das comunidades locais e da sociedade civil no seu conjunto (municípios, ONG). Em consequência, foram identificadas 18 zonas nucleares na RBA, com uma superfície combinada de pelo menos 17 000 ha, variando entre 300 ha (Ait Er-Rkha) e 4 200 ha (Parque Nacional de Souss Massa). Correspondem às SIBE identificadas pelo plano diretor das áreas protegidas marroquinas e aos sítios propostos pelos gestores:

> ➤ Ou o contexto ecológico ligado à presença da argânia e o difícil acesso.
> ➤ Ou a existência de um fenómeno natural significativo e interessante, como a presença de uma população bem estabelecida de árvores de argão, uma espécie animal ou vegetal rara.
> ➤ Ou a ausência de atividade humana (casas, Azibs, caminhos, etc.).

As zonas-tampão circundam ou são contíguas às zonas centrais e destinam-se a ser geridas com vista a uma produção compatível com práticas ecologicamente sustentáveis. De facto, foram identificadas 13 zonas tampão, com uma superfície conjunta de cerca de 560 000 ha. A sua escolha baseou-se nos seguintes critérios:

> ➤ Existência e importância da argânia (excluem-se os povoamentos dispersos ou de baixa densidade, incluem-se os terrenos com risco de erosão).
> ➤ A importância da árvore de argão na economia local.

Zonas de transição, que compreendem as áreas da RBA não abrangidas pelas zonas A e B. O objetivo atribuído a estas zonas é alcançar um desenvolvimento socioeconómico sustentável da zona de Arganeraie. Estas zonas de transição flexíveis podem conter um certo número de actividades agrícolas, de povoações humanas ou de outras explorações e nas quais as comunidades locais, os organismos de gestão, os cientistas, as ONG, os interesses económicos e culturais e outros parceiros trabalham em conjunto para gerir e desenvolver os recursos da região de forma sustentável, num espírito de solidariedade com as outras zonas e, em especial, com as zonas centrais. Na RBA, a zona C inclui igualmente cidades e grandes aglomerações urbanas (Grande Agadir, Essaouira, Taroudant, Tiznit).

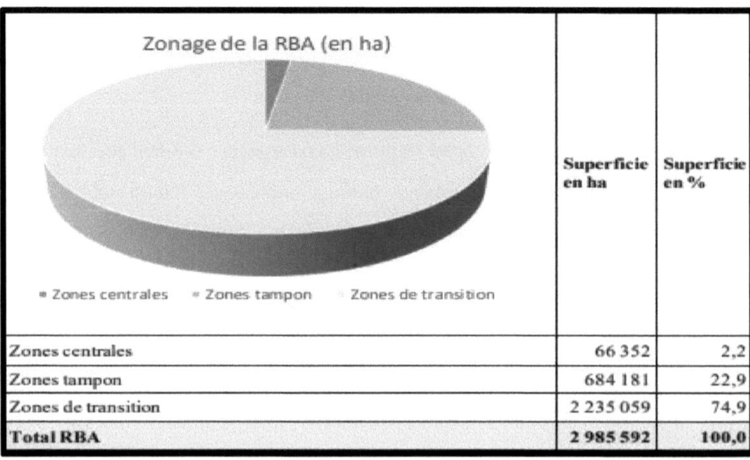

	Superficie en ha	Superficie en %
Zones centrales	66 352	2,2
Zones tampon	684 181	22,9
Zones de transition	2 235 059	74,9
Total RBA	**2 985 592**	**100,0**

(Fonte: DEF,2020)

3Figura: Importância das zonas RBA

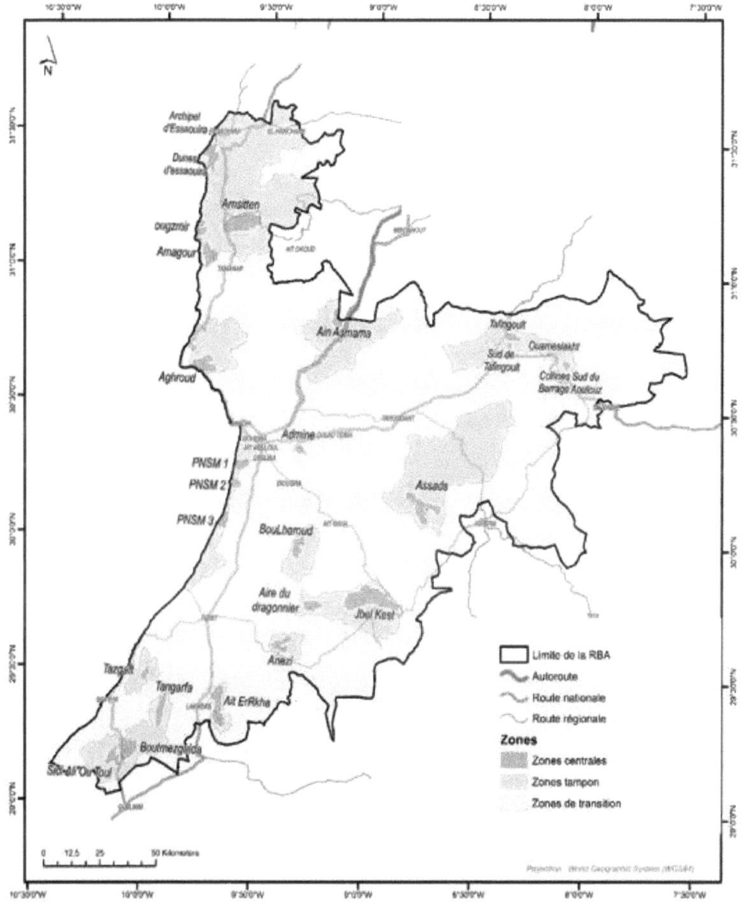

(Fonte: DEF,2020)

4Figura: Mapa de zoneamento da RBA

Capítulo 3: Alterações climáticas

3.1.À escala mundial

As alterações climáticas podem ser definidas como uma variação no estado do clima que pode ser detectada por alterações na média e/ou variabilidade das suas propriedades e que persiste durante um período alargado, normalmente décadas ou mais. As alterações climáticas podem ser devidas a processos internos naturais ou a forças externas, incluindo modulações dos ciclos solares, erupções vulcânicas ou alterações antropogénicas persistentes na composição atmosférica ou na utilização dos solos (IPCC, 2007).

De acordo com o Relatório Especial do IPCC, a temperatura média global aumentou cerca de 1°C (IPCC, 2018). Vários estudos demonstraram que, para além do aquecimento de + 1,5°C, existe um risco significativo de ultrapassar os "pontos de rutura" climáticos, o que pode conduzir a alterações climáticas descontroladas (Moore, 2018).

Embora seja difícil identificar com exatidão quando é que este ponto de viragem pode ser ultrapassado, é certo que as próximas décadas serão cruciais (IPCC, 2018).

Em comparação com os níveis pré-industriais, os cenários que limitam o aquecimento global a +1,5°C exigem mudanças rápidas, de grande alcance e sem precedentes em todos os aspectos da nossa organização social. O relatório estima que a atmosfera não pode absorver mais de 420 gigatoneladas (Gt) de CO_2 para se manter a esta temperatura. Abaixo deste limiar, os seres humanos emitem anualmente cerca de 42 Gt de CO_2 a nível mundial, o que significa que, ao ritmo atual, este limite pode ser ultrapassado em 9 anos, faltando ainda 26 anos para que o limite superior do aquecimento global, +2°C, possa ser ultrapassado. Deveria ser possível cumprir este objetivo através da obtenção de "emissões líquidas nulas" até 2050, e deveria ser possível manter o objetivo de +2°C.

Consequentemente, vários artigos do relatório do PIAC (2018) sublinham a importância dos ecossistemas naturais, incluindo as florestas, na medida em que absorvem o CO_2 e mantêm o aumento da temperatura média global (abaixo de 2°C) o mais próximo possível de 1,5°C.

3.2. Em todo o país

Devido à sua posição meteorológica e geográfica, Marrocos encontra-se numa região vulnerável às alterações climáticas, tanto em termos de temperatura como de precipitação.

Consequentemente, a evolução dos índices térmicos (temperatura e pluviosidade) indica uma tendência de aquecimento mais acentuada na região oriental e no leste do país, no relevo montanhoso e no piemonte. Os índices pluviométricos revelam uma tendência para a secura, sobretudo no final da estação das chuvas - período importante para a agricultura - e uma tendência para a migração do clima semi-árido para norte. Devido à sua latitude subtropical, às influências do Sara e às condições mediterrânicas, Marrocos é suscetível de registar taxas de aquecimento mais elevadas do que outras regiões do mundo (Mhirit e Et-Tobi, 2010).

O quinto relatório do IPCC prevê uma redução da precipitação em Marrocos de até 20% até ao final do século (IPCC, 2014).

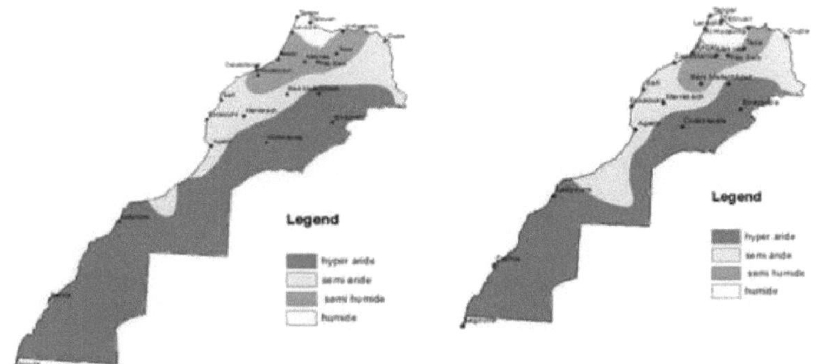

(Fonte: tendências da precipitação de 1960 a 2015 em Marrocos)

5Figura: Mapa que mostra a distribuição espacial dos tipos de clima de acordo com o índice de Martonne durante o período 1980-1990 (esquerda) e 1990-2000 (direita).

As regiões classificadas como tendo climas húmidos e sub-húmidos estão a ser substituídas por climas semi-áridos e áridos, em resultado do aumento de 0,16°C na temperatura média anual por década e da queda de 47% na precipitação da primavera a nível nacional (Figura 5) (Mokssit, 2012).

3.3.Áreas protegidas: um trunfo importante na luta contra as alterações climáticas

O aquecimento global está a criar novos desafios para a gestão sustentável dos recursos naturais nas zonas protegidas. Tal deve-se, em especial, ao facto de as zonas protegidas serem um instrumento de gestão espacialmente estático face a um problema espacialmente dinâmico (variabilidade climática, dispersão de espécies e adaptação). Este problema pode ser resolvido, em parte, através de uma gestão mais eficaz e adaptativa das zonas protegidas. No entanto, tudo isto nos leva a examinar a capacidade das áreas protegidas como um vetor importante na luta contra as alterações climáticas (Halpin, 1997; Heller e Zavaleta, 2009). Estas podem desempenhar um papel importante tanto na adaptação como na atenuação, se forem geridas de forma eficaz.

Capítulo 4. Existências de carbono

4.1. Ciclo global do carbono

Embora não seja o elemento químico mais abundante na Terra, o carbono é um dos compostos mais importantes no funcionamento e evolução do sistema terrestre. Uma série de processos biogeoquímicos complexos permite-lhe ser transferido de um reservatório para outro, conduzindo a um ciclo planetário. (Figura 2)

Este último divide-se entre um ciclo rápido, que envolve a atmosfera, os oceanos e os reservatórios da biosfera, e um ciclo lento, que envolve a crosta terrestre, os solos e os oceanos. Como o dióxido de carbono é um gás com efeito de estufa, o ciclo do carbono interage muito estreitamente com a máquina climática, levando ao estabelecimento de ciclos de retroação que regulam ou, pelo contrário, aceleram o seu funcionamento. Estes ciclos são os elementos-chave do funcionamento do ciclo.

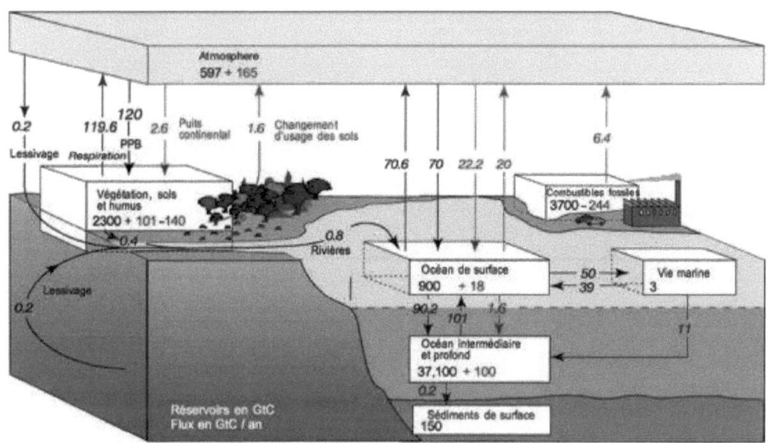

(Fonte: Sarmiento, 2002)

6Figura: Ciclo global do carbono

4.2. Áreas protegidas e reservas de carbono

As zonas protegidas cobrem quase 15,3 % da superfície terrestre mundial, incluindo as águas interiores (Maxwell et al., 2020), mas a sua contribuição para a luta contra as alterações climáticas continua a ser insuficientemente compreendida. Contribuem, nomeadamente, para otimizar o sequestro e o armazenamento de carbono, evitando a desflorestação e a degradação do solo e do coberto florestal (Noumi et al., 2018).

Ao combater a desflorestação e a degradação dos solos, as áreas protegidas ajudam a manter as reservas de carbono e a capturar carbono, contribuindo igualmente para o equilíbrio climático (Lewis et al., 2009). Estas áreas protegidas foram concebidas principalmente para proteger a biodiversidade do impacto humano direto, mas também podem ser utilizadas para combater as alterações climáticas, para além do seu papel principal de proteção dos ecossistemas.

Tomemos, por exemplo, a contribuição das áreas protegidas para o stock de carbono nos países da África Central (Figura 3). As áreas protegidas cobrem cerca de 17,6% da área terrestre dos países da África Central e contêm entre 20 e 25% do stock de carbono destes países.

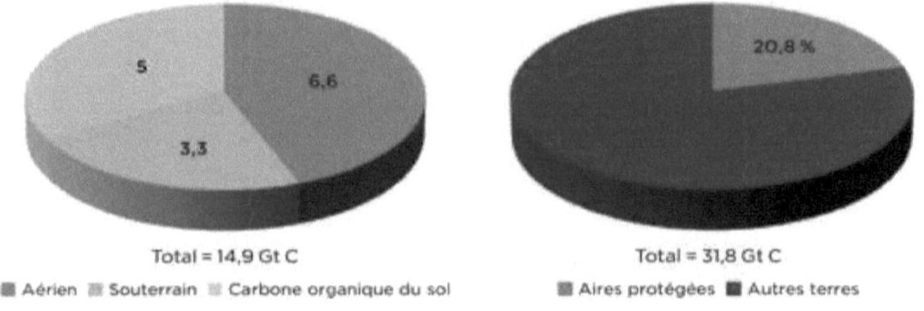

7Figura: Reservas de carbono na rede de áreas protegidas na África Central

4.3.   O papel das florestas no ciclo do carbono

À escala mundial, as florestas contêm cerca de metade do carbono acumulado pelos ecossistemas terrestres, cobrindo pouco menos de 30% da superfície da Terra. A fotossíntese florestal recicla anualmente 5% do CO_2 atmosférico: sem as florestas, estima-se, com uma incerteza considerável, que a taxa de aumento do efeito de estufa e das alterações climáticas associadas seria 1,5 vezes mais rápida.

A dinâmica dos ecossistemas terrestres depende das interações de vários ciclos biogeoquímicos, incluindo o ciclo do carbono, o ciclo dos nutrientes e o ciclo da água. As florestas desempenham um papel fundamental no ciclo do carbono, funcionando de forma dinâmica através da reciclagem do carbono. Os processos de fotossíntese, respiração, transpiração, decomposição e combustão mantêm a circulação natural do carbono entre os ecossistemas e a atmosfera.

As actividades humanas podem modificar as reservas e as trocas de carbono. As emissões significativas de carbono resultaram da desflorestação nos últimos séculos nas latitudes médias e altas e, na última parte do século XX, nas regiões tropicais. A desflorestação tropical é atualmente responsável por 20% das emissões anuais globais de gases com efeito de estufa (GEE). No entanto, em geral, as florestas actuam como sumidouros de carbono, absorvendo mais carbono do que emitem. À escala mundial, o balanço anual é de cerca de mil milhões de toneladas de carbono sequestradas pelos ecossistemas florestais, tendo em conta a desflorestação (Marianne, 2009).

4.4.   Carbono armazenado na matéria vegetal

Os processos mais importantes que envolvem o carbono no ecossistema terrestre são: a fotossíntese, a respiração, a translocação, a afetação, o armazenamento, a renovação das raízes finas, a decomposição, a influência dos herbívoros e a queda das folhas, etc. (Landsberg et al., 1991). A fotossíntese, a respiração e a alocação, entre outros, são independentes e variam consoante as condições ambientais, os ecossistemas e a idade do povoamento (Ryan, 1991). Apesar da dificuldade de medir estes processos, é no entanto possível estimar os fluxos de carbono a partir das variações anuais da biomassa das árvores (Kozlowski et al., 1991).

- **Produção primária bruta (PPB) :**

Esta é a massa total de compostos orgânicos produzidos pela fotossíntese.

- **Produção primária líquida (PPL) :**

Esta é a diferença entre a PPB e a respiração autotrófica. Representa a massa de matéria orgânica sintetizada pelas plantas. O NPP inclui, portanto, todos os aumentos de massa de caules, folhas, órgãos reprodutivos, raízes e a quantidade de tecido vegetal consumido por herbívoros ou que morre e se torna detrito (Waring e Schlesinger, 1985).

- **Biomassa :**

A massa total de organismos vivos numa determinada área ou volume no momento da observação. Desde há algum tempo, as plantas mortas são frequentemente incluídas na biomassa.

- **Produção líquida do ecossistema (PLE) :**

Esta é a diferença entre o PPB e a respiração autotrófica e heterotrófica. Este conceito exclui outras exportações de carbono do ecossistema, tais como as causadas pelo fogo, o abate de árvores, a erosão ou outros factores (Waring e Schlesinger, 1985). A avaliação dos diferentes ecossistemas do mundo com base em variáveis como o NPP permite avaliar a contribuição dos ecossistemas florestais para o ciclo global do carbono. Waring e Schlesinger (1985) revelam que as florestas e os solos florestais são excelentes reservatórios de carbono e superam todos os outros ecossistemas terrestres em termos de NPP, com exceção dos pântanos e charcos.

4.5. Stock de carbono no solo

O solo é um material biogeoquímico com propriedades biológicas e estruturais. É um suporte mecânico para as plantas e uma fonte de nutrientes, água e ar de que necessitam para crescer. Desempenha uma série de funções ambientais, florestais e agronómicas. O solo contribui para o ciclo do carbono, armazenando-o e libertando-o na atmosfera.

O carbono orgânico do solo (SOC) é o principal componente da matéria orgânica do solo (SOM) e, como tal, é o combustível de todos os solos. A MOS é uma das principais funções do solo, uma vez que é essencial para estabilizar a estrutura do solo e reter e libertar nutrientes das plantas. Também permite que a água se infiltre e seja armazenada no solo. É, por conseguinte, essencial para a saúde do solo, a fertilidade e a produção alimentar. A perda de SOC indica um certo nível de degradação do solo.

No ciclo global do carbono, os solos florestais são reservatórios gigantescos de carbono (Arrouays et al., 2002), e podem atuar como sumidouros ou fontes de carbono, dependendo da forma como a terra é utilizada e gerida e das alterações ambientais. De facto, estima-se que armazenam cerca de 80 tC / ha nos primeiros 30 centímetros, o que diz respeito às áreas metropolitanas. Ao adicionar cerca de 10 tC / ha à camada orgânica superficial de 80 tC / ha (húmus), a capacidade de armazenamento das pastagens no solo é aproximadamente a mesma, enquanto a capacidade de armazenamento no solo agrícola é muito menor, cerca de 50 tC / ha (Jonard et al. 2017) (Figura 4).

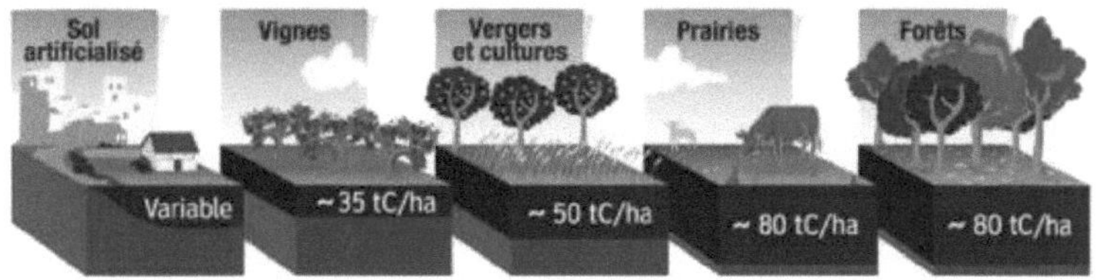

(Fonte: Martin et al., 2011)

8Figura: Stock de carbono do solo em diferentes utilizações do solo (0 - 30 cm)

A MOS compreende cerca de 55 a 60 por cento de C em massa. À semelhança da MOS, o COS está dividido em vários reservatórios de acordo com a sua estabilidade física e química (FAO e ITPS, 2015; O 'Rourke et al, 2015) :

- **O reservatório rápido** (também reservatório lábil ou ativo): Após a adição de carbono orgânico fresco ao solo, a biomassa inicial é decomposta após 1 a 2 anos;

- **O reservatório intermédio**: é constituído por carbono orgânico parcialmente estabilizado nas superfícies minerais e/ou protegido nos agregados após transformação por micróbios. O tempo de renovação é da ordem dos 10 a 100 anos;

- **O reservatório lento** (reservatório estável ou refratário) : COS muito estabilizado. Renovação muito lenta (de 100 a mais de 1000 anos);

O armazenamento de carbono nos solos é temporário, reversível e variável, dependendo das caraterísticas do solo, da composição da matéria orgânica, da profundidade, da humidade climática e da topografia (Chenu et al., 2014).

4.6. O efeito das alterações climáticas no stock de carbono COS

A temperatura e a precipitação são os factores mais significativos no controlo da dinâmica do SOC (Deb et al., 2015). Embora um aumento da temperatura conduza a um aumento da produção vegetal e, por conseguinte, aumente as entradas de carbono no solo, também tende a aumentar a decomposição microbiana do SOC (Keestrea et al., 2016). Existe um forte apoio empírico à ideia de que o aumento das temperaturas estimulará a perda líquida de carbono do solo para a atmosfera, conduzindo a uma retroação positiva entre o carbono terrestre e o clima que poderá acelerar as alterações climáticas (Crowther et al., 2016).

Além disso, com as alterações climáticas, prevêem-se precipitações e secas mais frequentes e mais severas, que poderão ter maiores impactos na dinâmica dos ecossistemas, em comparação com o efeito do aumento da temperatura e do CO_2 isoladamente ou em combinação (IPCC, 2014).

Este aumento da frequência de fenómenos extremos é suscetível de agravar a quantidade e a velocidade da erosão, da salinização e de outros mecanismos de degradação, conduzindo a maiores perdas de carbono. Em última análise, as alterações climáticas, devido à precipitação, temperatura, microorganismos/biótopos e vegetação, podem influenciar vários factores de formação do solo, afectando assim a taxa de acumulação de SOC (FAO e ITPS, 2015).

4.7. Influência da ocupação do solo e do tipo de utilização do solo na COS

O coberto vegetal tem dois grandes benefícios para o carbono do solo:

- Acrescentam e reconstituem o húmus, devolvendo a biomassa produzida (acima do solo e pelas raízes). Este facto terá um impacto benéfico nos níveis orgânicos do solo a curto e médio prazo.
- Optimizam a cobertura do solo e evitam o solo nu. Desta forma, aumentam a biomassa microbiana durante o ciclo de vida da planta através da rizodeposição a partir das suas raízes (Aguer, 2015).

A utilização e a exploração das terras têm geralmente um maior impacto nas reservas de carbono orgânico do solo (Aalde et al., 2006). Por exemplo, o cultivo de terras inicialmente ocupadas por prados ou florestas provoca uma diminuição das existências duas vezes mais rápida do que um aumento das existências associado a uma conversão inversa das terras.

Em Marrocos, verificámos que a transformação das florestas em zonas de cultivo de cereais levou a uma perda de mais de 75% das concentrações de carbono orgânico do solo (Zaher et al., 2019). O sobrepastoreio também tem um impacto nas percentagens de SOC.

Parte 2: Materiais e métodos

Capítulo 1: Apresentação da zona de estudo

Introdução

O objetivo deste trabalho é evidenciar o efeito da retirada de terras do argão (RBA) sobre o potencial de sequestro de carbono nos ecossistemas de argão, nomeadamente na região biogeográfica das planícies de Souss e Dir. No entanto, dadas as limitações de tempo e a vastidão da área de estudo, que abrange mais de 730 000 ha, o trabalho incidiu apenas em 2 zonas centrais com as respectivas zonas tampão e de transição.

1.1.Situação biogeográfica da Reserva da Biosfera de Arganeraie (ABR)

A RBA, com uma superfície de 2,5 milhões de hectares, situa-se no sudoeste de Marrocos, delimitada a oeste pelo Oceano Atlântico e a sul pelos rios Oued Noun e Oued Seyad, enquanto os rios Oued Tensift e Aoulouz marcam os seus limites a norte e a leste, respetivamente. A área de estudo caracteriza-se pela distribuição heterogénea da árvore de argão e estende-se por um meio físico vasto e geomorfologicamente complexo. Apresenta uma grande diversidade de meios naturais (altitude, vegetação, solos, clima, águas superficiais e subterrâneas, fauna, etc.), dando origem a três grandes unidades biogeográficas:

- Zona Norte: O Alto Atlas ocidental, do corredor de Argana ao litoral, as vertentes meridionais do Alto Atlas a partir de Marraquexe e a planície de Essaouira;

- A zona central: planície do Souss e Dir ;

- Zona Sul: Anti-Atlas Ocidental e zona montanhosa média do Anti-Atlas;

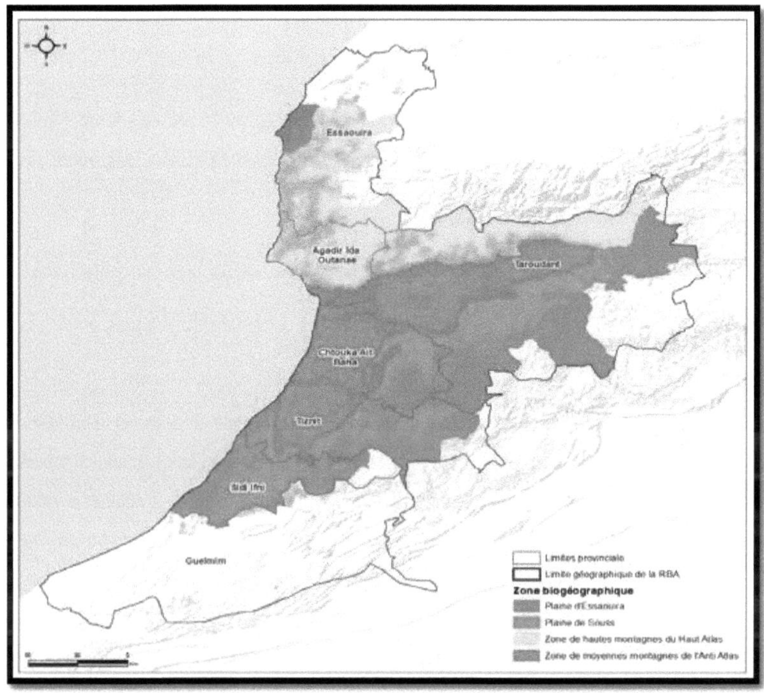

(Fonte: DEF, 2020)

9Figura: Mapa das zonas biogeográficas da RBA

1.2.A escolha da área de estudo

No que diz respeito à escolha das zonas centrais estudadas, baseámo-nos na avaliação decenal da RBA realizada pelo DEF (2020), que classificou as zonas centrais com base nos seguintes indicadores

- **Critério 1: Paisagismo**

O valor paisagístico é avaliado globalmente, com base numa avaliação do aspeto natural da paisagem, do seu aspeto espetacular ou harmonioso. A presença visível de habitações modernas ou de infra-estruturas ("modernização") são factores negativos que reduzem o valor do índice atribuído.

- **Critério 2: Endemismo vegetal**

As espécies com endemismo restrito (nível RBA) serão mais valorizadas do que as espécies com endemismo mais alargado (todo o território de Marrocos, Magrebe, etc.).

- **Critério 3: Endemismo animal**

O endemismo animal (vertebrados, borboletas) será avaliado com base em critérios comparáveis aos utilizados para a flora.

- **Critério 4: Estado geral do ambiente vegetal**

Este critério baseia-se no estado de conservação global da vegetação espontânea, nomeadamente no estado do coberto arbóreo (problema de abate) e no estado das espécies pastoris, bom indicador do nível de pastoreio (só serão avaliadas as espécies lenhosas). O cultivo, mesmo parcial, só pode diminuir o valor do índice. A presença de espécies ameaçadas ou raras, de acordo com a documentação disponível, aumentará o valor do índice.

- **Critério 5: Estado geral da fauna**

 Este critério permite avaliar o estado global de conservação da fauna, nomeadamente da fauna suscetível de ser explorada pelo homem (caça e caça furtiva). A presença de espécies ameaçadas (estatuto mundial e mediterrânico da IUCN) aumentará o valor do índice.

- **Critério 6: Esforços para regenerar/recuperar o ambiente natural**

Este critério humano baseia-se na avaliação de vários aspectos da atividade humana em relação ao ambiente natural. Abrange aspectos como a gestão do ambiente natural pela população local, a plantação de florestas pelo Serviço de Águas e Florestas, a gestão da caça e a existência de uma Área Protegida planeada ou efetivamente gerida.

1Quadro: Classificação das zonas centrais da planície

Nome da zona central	Resultado final	Comentários
PNSM: Boca do Oued Massa	50	Moderadamente rico
PNSM: Reserva Rwayes	43	Reserva animal
PNSM: Reserva Rokkein	41	Reserva animal
Ouameslakht	31	Rico
Sul de Tafingoult	29	Rico
Admine	12	Embora totalmente degradada, foi demarcada uma pequena zona não afetada (524 ha). A sua classificação é gravemente afetada pelo meio envolvente e pelos múltiplos factores de ameaça.

Fonte: DEF (2020)

Embora a classificação apresentada no quadro acima (Quadro 1) favoreça as zonas núcleo do PNPG, a inclusão como zona núcleo das 2 reservas animais do Parque Nacional de Souss-Massa levanta questões: uma zona núcleo é dedicada à conservação do ecossistema e das espécies que o habitam. No entanto, estas reservas, que têm uma função nacional, contêm espécies não autóctones destinadas a serem reintroduzidas, geralmente no meio sahariano.

De forma semelhante, a zona central da foz do Oued Massa, cuja vocação principal é a conservação da fauna, especialmente das espécies de aves, e uma vez que o nosso trabalho se centra na quantificação do carbono sequestrado nos ecossistemas de argão, selecionámos as 2 zonas Admine e Ouameslakht, que representam a planície e o Dir, respetivamente (Figura 9).

O relatório sobre a avaliação decenal do RBA 2008-2017 e o desenvolvimento do Novo Plano de Ação 2018-2027 (DEF,2020) apresentam uma descrição destas duas áreas:

- **A região de Ouameslakht**

Este sítio é um pousio, com plantação de arganeiras e um bom nível de sucesso. As árvores de argão existentes são de boa estatura, com uma densidade média de 90-100 árvores/ha.

O sítio foi desbastado no final dos anos 80 e tem sido protegido desde então.

- **A zona Admine**

Uma bela ilha de floresta de planície, a parte do SIBE da floresta de Admine, embora totalmente degradada, foi demarcada uma pequena área não afetada (524 ha) com uma densidade elevada

1.3. Localização geográfica e administrativa da zona de estudo

A situação administrativa da zona de estudo é ilustrada no quadro seguinte:

2Quadro: Situação administrativa das zonas centrais

A zona central	Região	Província	Município	Área de superfície (ha)
Admine	Souss-Massa	Prefeitura de Inezgane- Ait Melloul	Oulad Dahou	524
Ouameslakht		Taroudant	Ida Ougoummad	72

Fonte: DEF (2020)

A zona de estudo abrange a província de Taroudant e a prefeitura de Inezgane- Ait Melloul (Figura 10).

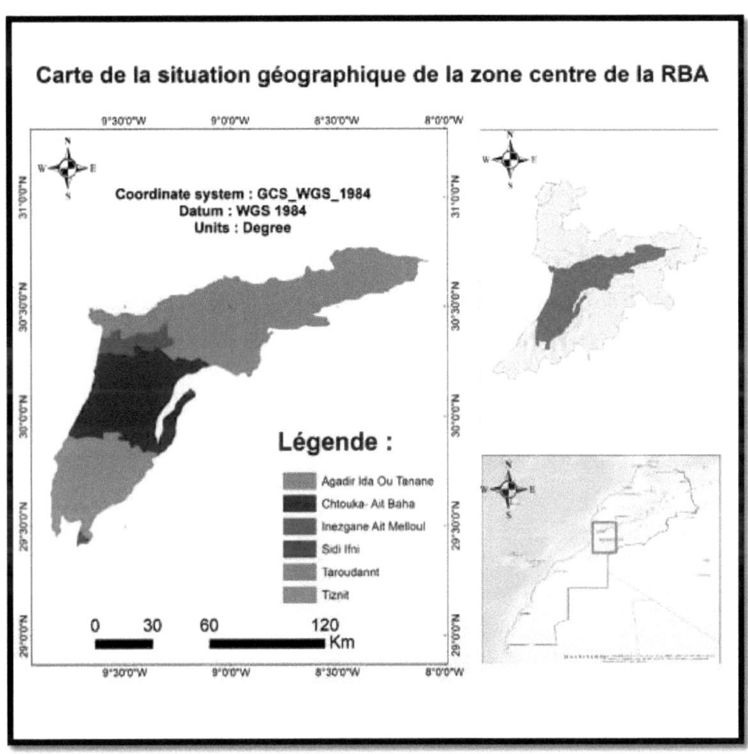

10Figura: Mapa com a localização geográfica da zona de estudo

1.4.Situação da silvicultura na zona de estudo

Em termos florestais, a zona de estudo situa-se da seguinte forma:

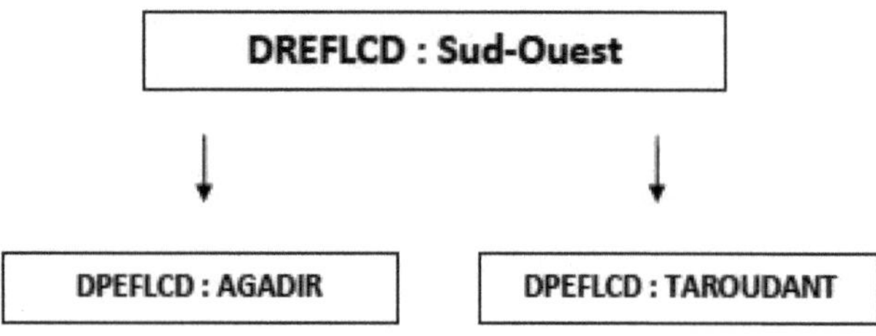

1.5.Ambiente físico
1.5.1.

A planície do Taroudant é relativamente plana, com exceção de alguns vestígios de uma cuesta cretácica. Parece consistir numa extensão quase plana que se eleva de oeste para leste em 700 m ao longo de 150 km, com um declive médio de cerca de 5% em direção ao sopé do Anti-Atlas, onde os leques aluviais profundamente incisos oferecem declives que variam de 4% em Ouled Taima. Em direção ao sopé do Haut-Atlas, os declives são ainda mais acentuados (9% em Ouled Taima).

A planície foi palco de enormes acumulações continentais durante os períodos Terciário e Quaternário. Todos os vales e leitos de wadi que descem das encostas vizinhas depositam os seus materiais grosseiros à entrada da planície, constituindo a maior parte dos leques aluviais no sopé da montanha.

1.5.2. Condições do solo

A planície de Taroudant caracteriza-se por paisagens desérticas e abertas, resultado de um solo arenoso marcado pela presença de calcário duro, que aflora frequentemente à superfície, soltando os tufos dispersos de vegetação residual e invadindo as terras agrícolas, incluindo os campos de estufas, as infra-estruturas e grandes extensões de argan da planície.

Esta paisagem é igualmente marcada pela acumulação de depósitos aluviais ao longo dos vales e dos cursos de água intermitentes (solos minerais grosseiros e pouco evoluídos).

1.5.3. Clima

A RBA insere-se na zona de transição mediterrânico-saariana, estabelecida em torno de uma espécie florestal endémica de Marrocos (Argania spinosa), principal caraterística do sector macaronésico, com vegetação mediterrânica de floresta esclerófila, bosque e matagal. Segundo a classificação de Emberger, o clima da zona é mediterrânico, árido a semi-árido, com variações quentes e temperadas.

1.5.4. Precipitação

A distribuição espacial da precipitação na área de estudo é variável e depende essencialmente da altitude, da exposição e da distância à costa atlântica (Quadros 3 e 4). A precipitação atinge :

- 200,3 mm em Admine
- 258,4 mm em Aoulouz

3Tabela: Precipitação média mensal e anual nas estações da zona

Estação	J	F	M	A	M	J	J	A	S	O	N	D	Total
Admine	37,4	26,6	36,0	12,4	27	03	01	00	13	99	32,1	41,5	200,3
Aoulouz	41,1	38,2	33,8	24,1	9,4	5,1	0,4	1,8	10,8	23,0	30,9	39,8	258,4

Fonte: (CRF- Rabat, in HCEFLCD, 2006)

4Quadro: Precipitação média mensal máxima e mínima

Estações	Máximo (mm)	Mínimo (mm)	Média anual
Admine	41,5	0,1	200,31
Aoulouz	41 ,1	0,4	258,4

Fonte: (CRF e Agence du Bassin Hydraulique du Souss Massa, in HCEFLCD, 2006)

1.5.5. Temperaturas

São utilizados os dados das estações de Agadir e Taroudant, uma vez que a zona de estudo se situa nestas duas províncias. A análise destes dados revela que os meses mais quentes são julho e agosto, enquanto os mais frios são dezembro e janeiro.

A temperatura máxima média no mês mais quente (M) para a estação de Agadir não ultrapassa os 27°C. A temperatura mínima média no mês mais frio (m) é de cerca de 7,3°C. A temperatura mínima média no mês mais frio (m) é de cerca de 7,3°C (Tabela 5).

5Tabela: Temperaturas máximas e mínimas nas estações da área de estudo

Estação	T(°C)	J	F	M	A	M	J	J	A	S	O	N	D	Moy. Ann.
Agadir	Maxi	20,2	21,5	22,7	23,4	24,1	25	26,4	27	26,7	25,9	23,8	20,9	**24**
	Mini	7,3	8,7	10,7	12,6	14,5	16,5	17,8	18,1	17,2	15,1	12,1	8,6	**13**
Taroudant	Maxi	21,6	23,3	25,5	27,4	29	30,8	35,2	35,8	33,2	29,5	25,7	22,1	**28,3**
	Mini	5,5	7	8,9	10,5	12,2	14,1	16,3	15,9	15,1	13	10	6,4	**11,3**

Fonte: (CRF- Rabat, in HCEFLCD, 2006)

A amplitude térmica exprime a natureza continental de uma área e fornece informações sobre a evapotranspiração. A continentalidade exprime a distância do oceano e as condições que lhe estão associadas. Quanto maior a amplitude térmica, maior a continentalidade. Para as estações estudadas, a diferença térmica varia de 19,7°C em Agadir a 30,5°C em Taroudant (Tabela 6):

6Quadro : Resumo bioclimático

Estação	T°C Avg. Anual	M	m	M-m	Q2	Tipo de clima Emberger
Agadir	18,7	27	7,3	19,7	35	Árido quente
Taroudant	19,8	35,8	5,5	30,5	27	Árido

T: Temperatura média anual; M: Temperatura máxima média do mês mais quente; m: Temperatura mínima média do mês mais frio; Q2: Quociente pluviométrico Amberge **Fonte: (CRF- Rabat, in HCEFLCD, 2006)**

1.5.6. O vento

O sudoeste de Marrocos é uma região relativamente ventosa, com velocidades de vento que oscilam geralmente entre 4 e 6 m/s. O número de dias com ventos violentos (>16m/s) situa-se, em média, entre 14 e 30 dias/ano. (Bendaanoun, 1991). As estatísticas sobre as velocidades e direcções do vento em Agadir mostram que os ventos de oeste representam 36,7%. Estes ventos caracterizam-se pela sua frescura, que reduz as temperaturas máximas em 4°C e aumenta a humidade em 40%. O Chergui (vento quente e seco) representa 12,3%, com uma média anual de 30 a 60 dias/ano. Estes ventos sopram de leste, trazendo temperaturas excessivas que podem ultrapassar os 40°C. Os ventos WSW e WNW representam, respetivamente, 10,5% e 9,2% do total das direcções do vento (Bendaanoun, 1991).

1.5.7. Higrometria

A humidade relativa do ar, quando é elevada, é um fator climático muito importante para o arganazal, por várias razões. A humidade do ar elevada reduz a evapotranspiração e pode, quando o ponto de orvalho é atingido, gerar precipitação oculta sob a forma de orvalho, o que é muito benéfico para a vegetação em geral e para o arganazeiro em particular. A humidade do ar elevada, em diferentes graus, é um fator essencial para a manutenção dos pomares de argão (Emberger L. 1925, 1939).

De facto, a elevada humidade do ar é tanto mais importante quanto se verifica mais particularmente durante o período estival, o que atenua consideravelmente os fenómenos de evapotranspiração durante este período quente e sem chuva e, por conseguinte, humidade relativa do ar: 75% (valores correspondentes a médias estabelecidas para um longo período (1960-1988) e para diferentes horas de observação durante o dia (06h + 12h + 18h). Os dados das estações internas são escassos. Com base nas avaliações efectuadas por Peltier (1982), a humidade média anual é de 64% (06h + 18h).

1.5.8. Seca

Em Marrocos, 93% do território nacional, com um clima seco (árido a sub-húmido), é vulnerável à desertificação em diferentes graus (Neggar, 2018). De facto, o processo de desertificação afecta cada vez mais as terras e continua a ser mais pronunciado nos ecossistemas de clima árido, neste caso o bosque de argão, com ciclos de seca cada vez mais longos.

A seca deste ano em Marrocos é excecional em termos de intensidade, extensão e duração. O país atravessa a pior seca dos últimos trinta anos, com precipitações que representam apenas 13% da média registada durante este período. A enchimento das barragens taxa de nunca foi tão baixa (ONERR, 2022).

A seca não poupou nem as árvores de argão das planícies nem as das montanhas, uma vez que a seca de 2022 afectou todas as regiões do país. Esta situação sem precedentes teve um impacto no crescimento do estrato herbáceo e arbustivo nos ecossistemas de argão das planícies.

1.6. Ambiente natural
1.6.1. Biodiversidade florística

A flora da RBA caracteriza-se pela sua originalidade, especificidade e diversidade. Do ponto de vista fitogeográfico, esta parte sul de Marrocos é uma encruzilhada de floras de origens diversas: mediterrânica, tropical, macaronésica e endémica

A argânia constitui um verdadeiro baluarte verde contra o deserto do Sara e, para além da sua função ecológica principal, desempenha um papel essencialmente socioeconómico, tanto para as populações locais a montante como para toda a cadeia de valor que se estende para além do seu território, onde as suas ramificações finais se concluem

Na planície, onde a atividade humana é muito intensa, a vegetação natural é representada por canteiros de Euphorbia esparsos a densos, pontuados por árvores de argão.

1.6.2. Biodiversidade faunística

A diversidade específica dos ecossistemas é muito elevada na área da RBA, devido à sua localização geográfica entre o Oceano Atlântico a oeste, o Mediterrâneo a norte e o Saara a sul, e também devido às variações altitudinais e climáticas observadas.

O inventário exaustivo da fauna baseou-se numa análise pormenorizada dos dados bibliográficos existentes (estudos sobre áreas protegidas, artigos, dissertações, trabalhos de , etc.). Este inventário revelou uma biodiversidade notável em termos de fauna potencial, com um mínimo de 66 espécies de mamíferos, 174 de aves e 63 de anfíbios e répteis.

1.7. Ambiente humano

A argana da planície foi objeto de um desenvolvimento económico importante: expansão urbana, extensão de campos de cultura (intensiva). Por conseguinte, o espaço florestal tornou-se um local de conflito, marcado por lutas de interesses e de poder entre actores com representações sociais muito contrastantes.

Os investidores agrícolas remetem para o "Cahier des Charges Générales sur les cultures dans L'arganeraie", criado em 1983 pelo Ministério da Agricultura e da Reforma Agrária. Perante o desenvolvimento dos investimentos agrícolas, os legítimos proprietários, ainda apegados aos valores da arganeira, criaram campos vedados com arganeiras e tratados como "árvore agrícola" ou, mais exatamente, como "árvore de campo".

O crescimento demográfico levou inicialmente ao aumento do número de parcelas cultivadas. A procura de uma maior produtividade foi satisfeita, a partir dos anos 50, com a introdução de equipamentos de lavoura mais eficazes. Entre eles, a grade de discos e a grade brabante, cuja utilização, ao contrário da charrua, implicava a destruição de todas as espécies perenes. Por conseguinte, o número de árvores de argão susceptíveis de sobreviver nas parcelas cultivadas tendeu a diminuir. Numa segunda fase, foi introduzida uma intensificação ainda maior, desta vez baseada na utilização da irrigação. Esta intensificação foi introduzida na sequência da forte procura europeia de produtos hortícolas fora de época, no final da década de 1960. Com a abertura de cada vez mais poços, a horticultura de mercado foi-se instalando progressivamente nas planícies. O desenvolvimento das culturas de rendimento em detrimento das culturas alimentares, como a batata (em cerca de um terço da superfície), a melancia, o pimento e, sobretudo, o tomate (Benchekroun et al., 1989).

A intensificação das práticas agrícolas na planície arganesa foi igualmente acompanhada de alterações conexas nos sistemas de produção locais. Por exemplo, a estrutura do efetivo pecuário mudou, com os ovinos, cujo número quase duplicou nos últimos 20 anos na região de Souss, a substituir gradualmente os caprinos, cujo número sofreu a tendência oposta. As culturas de alfafa são também testemunho da intensificação paralela da atividade pecuária na região. Quanto aos grandes rebanhos nómadas, continuam a ser particularmente atraídos pelos bosques de argão das planícies, mais ricos e menos densamente povoados do que os das montanhas. O pastoreio estival dos camelos, que se prolonga geralmente de julho a setembro, mas que pode ser mais precoce quando a seca impera, vem assim juntar-se às causas anteriores de degradação das formações lenhosas. Para além do aumento da pressão, os danos causados devem-se à capacidade dos camelos de encabeçar os ramos, comendo sistematicamente os rebentos jovens. Todos os anos, surgem conflitos entre os habitantes locais e estes utilizadores.

- **Província de agadir :**

A região de Agadir tinha uma população de cerca de 419 614 habitantes em 2004 e 541 118 em 2014 (HCP, 2015), o que representa uma taxa de crescimento de 0,029%. O modo de vida da população baseia-se essencialmente na criação de gado e na agricultura.

- **Província de Taroudant**

O Recenseamento Geral da População e do Habitat (RGPH) de 2004 atribuiu à província de Taroudant uma população de 780 661 habitantes, ou seja, 25,07% da população da região. A densidade populacional média é de 47 habitantes/km². A zona urbana, essencialmente a cidade de Taroudant, alberga 186.471 habitantes. A população rural é de 594.190 habitantes, ou seja, quase 77% da população total da província. A maioria da população rural é constituída por pequenos agricultores e criadores de gado, alguns dos quais se dedicam a pequenas transacções comerciais, nomeadamente nos souks rurais.

A economia da região caracteriza-se pela diversidade de sectores que constituem a base dos recursos de rendimento da população. A agricultura constitui a base económica da região: moderna e tradicional, dominada por uma elevada produção de citrinos, azeitonas, óleo de argão, horticultura e forragens. Abrange uma superfície útil de 175.000 ha, emprega uma mão de obra importante e atrai anualmente investimentos substanciais.

Capítulo 2. Abordagem metodológica

2.8. Estratégia de amostragem
2.8.1. Método de amostragem

Dado que o nosso trabalho se baseia na zonagem da RAS ao nível da área de estudo, é necessária uma estratificação deste universo. A vantagem desta abordagem é que o conjunto do sítio é dividido em unidades homogéneas denominadas estratos, o que permite aplicar um método de amostragem adequado (aleatório) dentro de cada estrato. Deste modo, as unidades de amostragem (parcelas) cobrem igualmente todos os ambientes da zona. As diferentes etapas adoptadas para realizar esta amostragem são as seguintes

- Os dois sítios (Ouameslakht e Admine) estão subdivididos em estratos ou unidades homogéneas (3 zonas por sítio);

- Definir a dimensão global da amostra "n";

- Distribuir a dimensão global pelos estratos;

- Determinação da dimensão da parcela; para o efeito, trabalhámos sobre uma superfície mínima, cujas caraterísticas são desenvolvidas a seguir.

2.8.2. Determinação dos estratos

No relatório sobre a avaliação decenal da RBA, o Departamento da Água e das Florestas elaborou um novo sistema de zonagem para identificar zonas homogéneas para os 2 locais estudados, nomeadamente Admine e Ouameslakht.

Como resultado, identificámos 3 zonas para cada sítio, nomeadamente a zona central, a zona tampão e a zona de transição (Figuras 11 e 12).

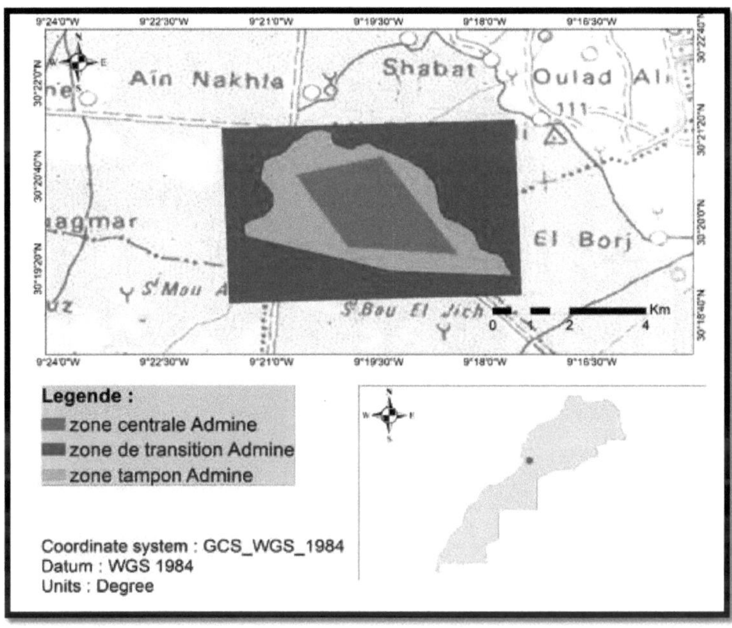

11Figura: Mapa das unidades homogéneas na área de estudo da Admine

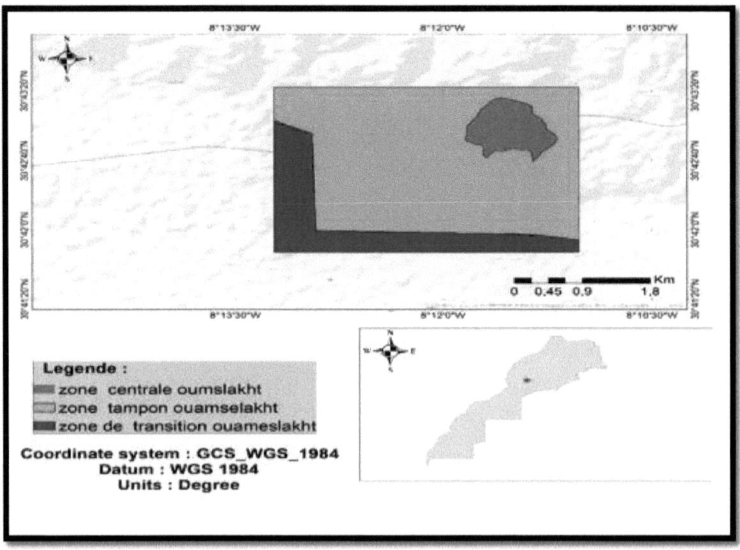

12Figura: Mapa das unidades homogéneas da zona de estudo de Ouameslakht

2.8.3. Tamanho da amostra

Daget e Godron (1982) e Godron (1971, 1976) mostraram que devem ser considerados 3 a 10 inquéritos por estrato, independentemente da dimensão ou do peso do estrato. Para este efeito, selecionámos uma amostra de 60 parcelas distribuídas igualmente entre os estratos (Figuras 13 e 14).

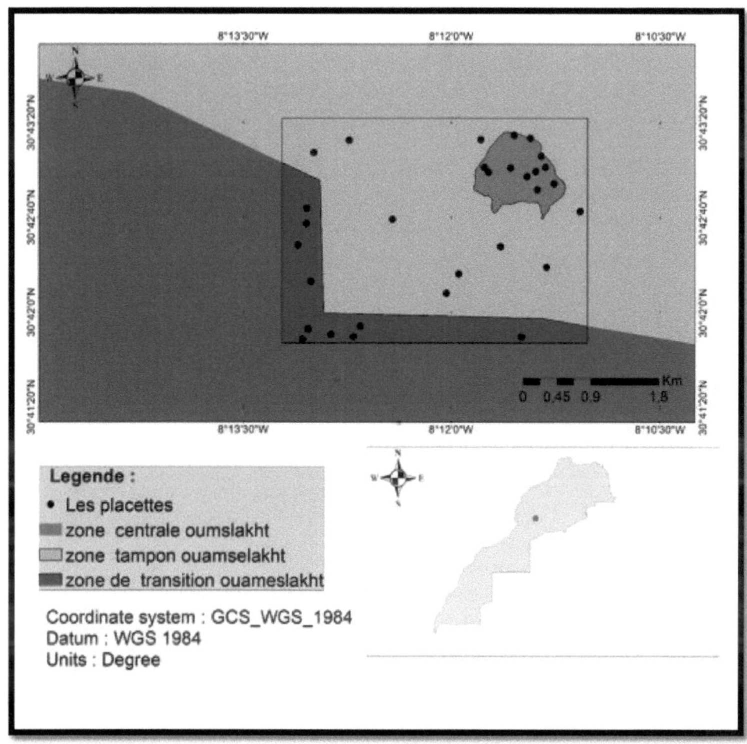

13Figura: Mapa de localização das parcelas estudadas na zona de estudo de Ouameslakht

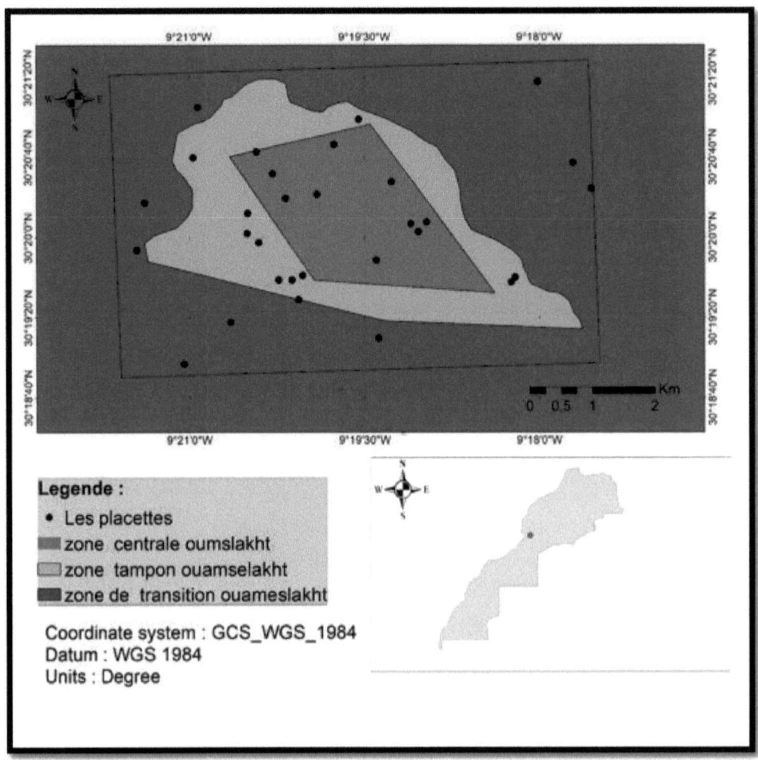

14Figura: Mapa de localização das parcelas estudadas na área de estudo de Admine

2.8.4. Plano de amostragem

Para obter medições que sejam exactas e precisas, procedemos por amostragem. O nosso método de amostragem foi inspirado no trabalho de vários autores (MacDicken, 1997; Hairiah et al., 2001; Woomer et al., 2001; Pearson e Brown, 2005; Mahamane, 2006). A figura 15 ilustra o nosso plano de amostragem.

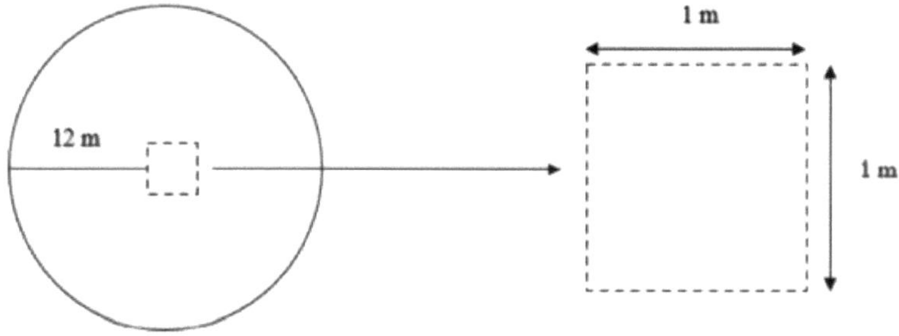

———————— Parcelas circulares para árvores

- - - - - Parcelas quadradas para a madeira morta e 0,25 m² para a folhada

15Figura: Plano de amostragem para os diferentes reservatórios de carbono

2.9.Métodos de estimativa das unidades populacionais de C arbone

A escolha da metodologia basear-se-á em equações de biomassa. Há duas razões principais para esta escolha.

> ➢ A revisão da literatura revela que a utilização de equações de biomassa é a abordagem mais utilizada para estimar o stock de carbono;

> ➢ A legislação florestal não autoriza o abate de árvores de argão;

A utilidade da alometria reside na sua abordagem "não destrutiva". As equações alométricas permitem-nos obter informações quantitativas sem destruir o indivíduo.

A forma matemática das equações alométricas apresenta-se principalmente sob a forma de uma função de potência:

$$Y= a.X^{b}$$

Onde:

Y: a caraterística a medir em função de X (biomassa ou volume)

X: a caraterística medida (circunferência, diâmetro, altura da árvore, etc.)

a: constante de proporcionalidade

b: constante alométrica

A figura 16 ilustra o procedimento geral para obter a quantidade de carbono armazenado pela árvore de argão a partir de dados dendrométricos:

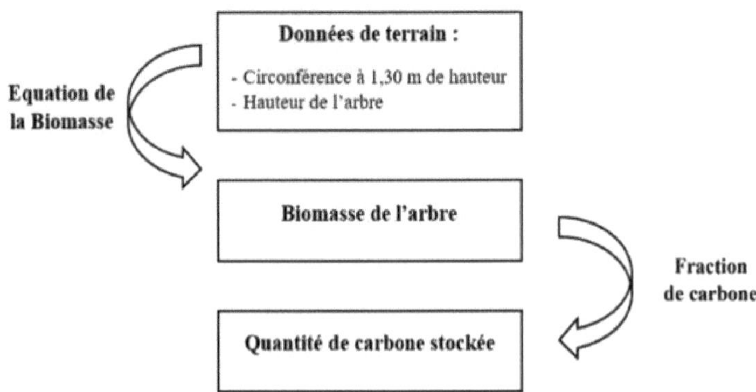

16Figura: Abordagem prevista para avaliar a quantidade de carbono armazenado pela árvore de argão

2.9.1. Reservatório I: Biomassa aérea (AB)
2.9.1.1.Stock de carbono no estrato arbóreo
2.9.1.1.1. Biomassa lenhosa
a. Amostragem de árvores

Para cada estrato, instalámos parcelas de 5 ares cada. Os parâmetros amostrados nessas parcelas foram: circunferência a 1,30 m do solo, altura total e diâmetro médio da copa.

b. Volume estimado

Dada a impossibilidade de abater argão na floresta (operação não autorizada pelo serviço local), utilizámos as tarifas de madeira recentemente construídas pelo serviço de desenvolvimento da DREF do Sudoeste (2016) e obtivemos a equação para as 2 zonas.

$$V_{madeira} = 39,239 - 1,874\,C + 0,037 C^2$$

Com :

$V_{madeira}$: volume de madeira no tronco (dm^3),

$C_{1,30}$: circunferência a 1,30 m (cm),

c. Estimativa da biomassa

A biomassa da madeira da árvore é deduzida multiplicando o volume da madeira pela sua densidade basal. A biomassa da árvore é calculada da seguinte forma:

$$B_A = V_{Madeira} \times D$$

Com :

B_A: biomassa das árvores (kg).

$V_{Madeira}$: volume do tronco (m^3).

D: densidade específica ou infodensidade ($kg.m^{-3}$).

* **Determinação da infradensidade :**

A densidade da madeira é a relação entre a massa da madeira e o seu volume. Ambas variam em função do grau de humidade dentro do limite do ponto de saturação das fibras (PSF). Este parâmetro é muito importante, sobretudo porque permite calcular a massa seca contida num volume de madeira (Hairiah et al., 2001; Pearson e Brown, 2005). Neste trabalho, utilizámos a infradensidade, que é simplesmente a quantidade de matéria seca contida num volume de madeira.

As amostras de madeira recolhidas no campo foram colocadas em água a ferver e pesadas regularmente até o seu peso estabilizar.

Nesta fase, a amostra atingiu o ponto de saturação das fibras, o que corresponde ao seu peso saturado. As amostras foram então colocadas numa estufa e pesadas regularmente até se obter um peso seco estável. A expressão da infradensidade é a seguinte

$$Db = \frac{1}{\dfrac{ms}{mo} - 0,347}$$

Com :

Db: infradensidade ou densidade basal ($g\ cm^{-3}$),

ms: massa da amostra no estado saturado,

mo: massa da amostra após cozedura.

0,347: constante

Após a determinação da massa das amostras no estado saturado e após secagem, estimámos a infra-densidade da madeira da argânia simples em **930 kg/m^3**.

      d. Estimativa do carbono armazenado na biomassa acima do solo

A conversão da biomassa em carbono requer um fator de conversão. Este é a fração de carbono na biomassa, que é geralmente igual a 0,5 (MacDicken, 1997; Woomer et al., 2001; Pearson e Brown, 2005). No entanto, esta fração varia consoante a espécie. De acordo com belghazi. T et al, (2017), a percentagem em peso de carbono contido na matéria seca para a árvore de argão é de **48,5%.**

$$StC_{BA} = BA \times 48,5$$

Com :

StC$_{BA}$: stock de carbono em kg na biomassa acima do solo de uma árvore individual,

BA: biomassa aérea em kg.

2.9.1.1.2. Biomassa foliar

No que respeita à biomassa foliar das árvores de argão, utilizámos o modelo alométrico construído por Aamou (2013), que assume a forma

$$PSF = 0,53\ Dm^{1,361}$$

PSF: Peso seco da folha (Kg)

Dm: Diâmetro médio da projeção da copa no solo em (m)

Utilizando o método de calcinação, verificámos que a percentagem em peso de carbono contido na biomassa foliar é de **48,5%.**

2.9.2. Reservatório 2: Biomassa subterrânea (BS)

O carbono armazenado nas raízes, considerado uma importante biomassa de carbono, é muito difícil de determinar. Com base em dados relatados na literatura, pode ser estimado entre 15 e 24% do carbono armazenado acima do solo (Arrouays et al., 1999).

Belghazi. T et al. (2017) adoptaram uma percentagem média de 20% do carbono armazenado acima do solo para os povoamentos de argão no planalto do haha.

Dado que Belghazi T et al (2017) trabalharam com a árvore de argão, para o nosso estudo de caso, adoptámos uma percentagem média de 20% do stock de carbono acima do solo.

2.9.3. Tanque 3: Necromassa (N)
2.9.3.1. Madeira morta

a. Amostragem de madeira morta

- **Madeira morta**

Na parcela circular, foi colocado um quadrado de 1m x 1m perto da árvore de argão para recolher a madeira morta. Foram recolhidas amostras de madeira morta típica para determinar a massa seca da madeira morta que se encontrava no solo e para avaliar a densidade basal da madeira morta.

b. Estimativa do stock de carbono

O carbono armazenado na madeira morta é calculado da seguinte forma:

$$StC_{BM} = MS_{BM} \times 48,5$$

Com :

StC_{BM}: carbono armazenado na madeira morta ;

$MS_{(BM)}$: massa seca de madeira morta em kg

2.9.3.2. Lixo

a. Amostragem de lixo

No interior da parcela de 0,25 m², toda a folhada foi recolhida e enviada para o laboratório para determinar a sua massa seca.

b. Estimativa da biomassa

As amostras de cama foram secas em estufa até à estabilização do peso seco.

c. Estimativa do stock de carbono

O carbono armazenado na cama é calculado da seguinte forma:

$$StC_L = MS_L \times 48,5$$

Com :

StC$_L$: carbono armazenado na cama (Kg) ;

MS$_L$: massa seca da cama (kg).

2.9.4. Tanque 4: solo (S)
2.9.4.1.Amostragem do solo :

Foram colhidas amostras de solo para determinar a densidade aparente. As amostras foram colhidas com um cilindro metálico de 200 cm^3. Para todas estas amostras, foram selecionadas três réplicas por estrato.

Outras amostras de solo foram recolhidas para determinar a quantidade de carbono orgânico armazenado no solo e foram limitadas a uma profundidade de 30 cm, porque é rica em matéria orgânica, microrganismos e concentração de raízes. A maioria dos cálculos efectuados em trabalhos anteriores referem-se a este horizonte, que é também o horizonte de referência para o trabalho do IPCC (Pellerin et al., 2019)

As amostras de solo recolhidas, tal como todas as outras amostras, foram imediatamente armazenadas em sacos de plástico selados.

2.9.4.2.Caracterização físico-química do solo
a. Densidade aparente

A densidade aparente de um solo é definida como o rácio entre a massa de solo seco (geralmente seco em estufa a 105°C) e o seu volume fresco. Reflecte a capacidade do solo para funcionar como suporte estrutural, movimento de água e solutos e arejamento do solo. É determinado através da recolha de núcleos de solo utilizando um cilindro de volume conhecido (200 cm^3). Os núcleos de solo fresco são secos em estufa a uma temperatura de 105°C durante um período de 24 horas e o seu peso seco é então determinado. O volume do solo fresco é também calculado através da determinação do volume do cilindro utilizado. A densidade aparente é calculada utilizando a seguinte fórmula:

$$Da = \frac{\text{Ms du sol sec}}{\text{VT du sol frais}}$$

Com

Da: densidade aparente (g cm^{-3})

Ms de solo seco: massa de solo seco (g)

V$_T$ do solo: Volume total do solo (g cm^{-3})

b. Carbono orgânico total

A quantificação do C orgânico em amostras de solo é efectuada utilizando o método de oxidação com ácido crómico húmido **de Walkley-Black (1934)**. O carbono orgânico oxidável do solo é oxidado por uma solução de dicromato de potássio em ácido sulfúrico concentrado. O calor da reação aumenta a temperatura, o que é suficiente para induzir uma oxidação substancial.

A reação química é a seguinte

$$^+2\ K_2Cr_2O_7^{2-} + 3\ CO + 16\ H \rightarrow 4\ Cr^{3+} + 3\ CO_2 + 8\ H_2O$$

O Cr_2O7^{2-} reduzido durante a reação com o solo é proporcional ao C orgânico oxidável presente na amostra. O carbono orgânico pode então ser estimado através da medição do dicromato não reduzido remanescente por titulação de retorno com sulfato ferroso, utilizando o complexo o-fenantrolina-ferroso como indicador.

$$^+6\ Fe^{2+} + Cr_2O_7^{2-} + 14\ H \rightarrow 2\ Cr^{3+} + 6\ Fe^{3+} + 7\ H_2O$$

➢ **Reagentes**
- Dicromato de potássio k$_2$Cr$_2$O$_7$ 1N
- Sulfato de ferro (FeSO$_4$ .7H) 0,5N
- Ácido sulfúrico concentrado a 96% (H2SO4) (densidade = 1,83)
- Complexo O-fenantrolina-ferroso 0,025M

➢ **Como funciona**

Após secagem a 65°C durante 48 horas, o solo foi triturado e peneirado a 2 mm. As amostras de solo foram processadas nas fases seguintes, a fim de deduzir a quantidade de carbono orgânico sequestrado no solo:

✓ Pesar 1g de solo peneirado a 2 mm ou 0,5g se o solo for rico em matéria orgânica.

✓ Colocar a amostra de solo num Erlenmeyer de 250 ml.

✓ Adicionar 10 ml de dicromato de potássio 1N e agitar com a mão até que o solo se tenha difundido.

✓ Adicionar 20 ml de ácido sulfúrico concentrado, agitando até à mistura dos produtos químicos durante 1 minuto.

✓ Deixar repousar durante 30 minutos em lume forte.

✓ Adicionar 200 ml de água destilada, misturar bem e deixar repousar durante pelo menos 2 horas.

✓ De seguida, colocar 50 ml da solução num copo de 250 ml.

✓ Adicionar 3 a 4 gotas de indicador ferroso de O-fenantrolina, a solução adquire uma cor esverdeada a verde escura.

✓ Titular o excesso de dicromato com sulfato de ferro (FeSO4), gota a gota, até ao aparecimento de uma cor castanha avermelhada (figuras 19 e 20).

O carbono orgânico total contido no solo é calculado através da aplicação da seguinte fórmula:

$$C\,(\%) = 5,85 * \frac{(Vt - Vi)}{p * Vt}$$

Onde:

C: concentração de carbono orgânico do solo (%) ;

Vt: volume da solução de sal de Mohr correspondente à titulação do controlo (ml);

Vi: volume da solução salina de Mohr correspondente à titulação da amostra (ml);

P: peso da amostra de solo colhida (g) ;

- **Estimativa da reserva de carbono no solo**

A percentagem de carbono e a densidade aparente podem ser utilizadas para determinar as existências de carbono e de matéria orgânica do solo. A reserva de carbono no 4º reservatório é calculada através da seguinte fórmula:

$$StC_S = (Da \times E \times Corg)*100$$

StC$_S$: stock de carbono do solo (t C. ha^{-1}) ;

Corg: concentração de C orgânico no horizonte (%) ;

Da: densidade aparente do solo (g. cm^{-3}) ;

E: espessura efectiva do horizonte (cm), excluindo as pedras com um diâmetro superior a 6 cm.

2.10. Análise estatística

O cálculo da massa seca e dos stocks de carbono nos reservatórios de carbono e as representações gráficas foram efectuados com recurso ao software Excel (versão 2016).

Todas as análises estatísticas foram efectuadas com recurso ao software SPSS 25. As médias das diversas variáveis foram comparadas utilizando o método de análise de variância de critério único ANOVA1. O procedimento de diferença honestamente significativa (HSD) de Tukey foi utilizado para comparações entre pares. As diferenças foram avaliadas ao nível de 5% de probabilidade.

2.11. Estudo diacrónico das mudanças na utilização dos solos

Para estudar a evolução da ocupação do solo na RAS e na zona biogeográfica da planície de Souss et Dir durante um período de 23 anos (entre 1998 e 2021), a fim de criar uma carta de alteração da ocupação do solo, adoptámos uma metodologia baseada na classificação não supervisionada utilizando a ferramenta "Trends.Earth" no software Qgis versão (3.16).

Quanto à evolução do uso do solo nas duas zonas centrais, adoptámos uma classificação supervisionada utilizando a plataforma Google Earth Engine, que nos permitiu analisar imagens de satélite Landsat de 1998 e 2021.

2.11.1. Dados utilizados

O nosso conjunto de dados de imagens de satélite é constituído por 2 imagens Landsat de 1998 e 2021. A escolha das imagens baseou-se essencialmente nas suas datas de aquisição no ano e na percentagem de nuvens, de modo a ter imagens adquiridas em datas próximas e com uma baixa percentagem de nuvens. Optámos por 1998, data em que foi criada a RBA, e 2021, data mais recente em que estão disponíveis imagens de satélite (Tabela 7).

7Quadro: Caraterísticas das imagens de satélite Landsat

Satélite	Data da recolha	Resolução espacial (m)
Landsat 5	1998	30
Sentinela	2021	10

2.11.2. Classificação de imagens

Optou-se por uma classificação supervisionada. Com base no nosso conhecimento do terreno e da assinatura espetral, definimos a classe a que pertence cada pixel da nossa imagem. O algoritmo de máxima verosimilhança utilizado baseia-se na regra de Bayes e calcula a probabilidade de cada pixel pertencer a uma classe e não a outra. O pixel é atribuído à classe com a maior probabilidade de pertença.

Neste estudo, foram definidas cinco classes de uso do solo (Tabela 8):

8Quadro: Classes de utilização do solo

Classe	Descrição
Florestas	Esta classe compreende essencialmente as florestas naturais, as florestas artificiais (reflorestação) e os matorrais (arbustos).
Agricultura	Esta classe inclui as culturas de regadio (campos médios e grandes de culturas de regadio e de erva), as culturas de sequeiro (burra) e as agroflorestas (culturas permanentes, plantações agrícolas).

Ambiente construído	Esta classe inclui áreas urbanas, infra-estruturas e áreas desenvolvidas associadas.
Chão nu	Terreno nu sem vegetação (terra estéril), rochas, dunas, etc.
Curso	Estas incluem pastagens e prados naturais, zonas com vegetação esparsa e associações e mosaicos de vegetação natural.
Água	Esta categoria inclui as áreas de extração de turfa e as terras cobertas ou saturadas de água durante todo ou parte do ano e que não se enquadram nas categorias de terras florestais, terras cultivadas, pastagens ou povoações. Inclui as albufeiras como subdivisão explorada e os lagos e rios naturais como subdivisões não exploradas.

2.11.3. Deteção e espacialização das alterações

Após a classificação supervisionada das duas imagens estudadas, foram obtidas as áreas de cada classe e, em seguida, foi efectuada uma comparação entre as classes para quantificar a alteração da ocupação do solo entre 1998 e 2021.

Parte 3: Resultados e discussão

Capítulo 1: Reservas de carbono em reservatórios de carbono

Introdução

Neste capítulo, discutimos o stock de carbono na biomassa acima do solo, na biomassa abaixo do solo e na necromassa de acordo com o zonamento RBA. A biomassa acima do solo inclui apenas a biomassa arbórea devido à ausência de estratos arbustivos e herbáceos durante o mês de fevereiro, devido à seca sem precedentes que Marrocos está a viver em 2022, enquanto a biomassa abaixo do solo consiste na biomassa radicular. A necromassa compreende o stock de carbono contido tanto na madeira morta como na folhada.

1.1. Stock de carbono na biomassa acima do solo

O cálculo da biomassa lenhosa e foliar nos dois locais estudados é apresentado no quadro seguinte (Quadro 9) :

9Quadro : Biomassa média das árvores por zonagem nos 2 sítios

A biomassa acima do solo da árvore	Biomassa média (t DM. ha^{-1})					
	Admine			Ouameslakht		
	Central	Tampão	Transição	Central	Tampão	Transição
Woody	12,00	8,19	8,98	8,48	4,93	2,92
Foliar	0,481	0,32	0,36	0,27	0,16	0,10
Total	12,48	8,51	9,34	8,75	5,10	3,02

Os povoamentos estudados são caracterizados por um sistema cepo-tronco. A análise do quadro mostra que a biomassa total dos povoamentos estudados varia de 3,02 a 12,48 toneladas de matéria seca por hectare (MS/ha), com densidade média que varia de 90 a 100 árvores/ha. No entanto, a biomassa lenhosa situa-se entre 2,92 e 12 toneladas DM/ha.

Existe pouca literatura sobre a biomassa seca da árvore de argão. No entanto, Belghazi. T et al (2016) encontraram biomassas médias que variam de 1,62 a 10,2 toneladas de matéria seca por hectare (DM/ha) para uma densidade média que varia de 75 a 118 árvores/ha num povoamento de argan jovem em Haha.

Os resultados mostram que a biomassa média por hectare é elevada nas zonas centrais de ambos os sítios. Em Ouameslakht, a biomassa acima do solo da argânia varia entre zonas, indo de 3,02 toneladas MS/ha na zona de transição a 8,75 toneladas MS/ha na zona central. Em Admine, a biomassa média varia de 8,51 toneladas MS/ha na zona tampão a 12,48 toneladas MS/ha na zona central

Em Admine, a biomassa lenhosa nas zonas central, tampão e de transição representa 96,15%, 96,24% e 96,15% da biomassa acima do solo, respetivamente.

Do mesmo modo, para Ouameslakht, a biomassa lenhosa nas zonas central, tampão e de transição representa 96,91%, 96,67% e 96,69% da biomassa acima do solo, respetivamente (Figura 17).

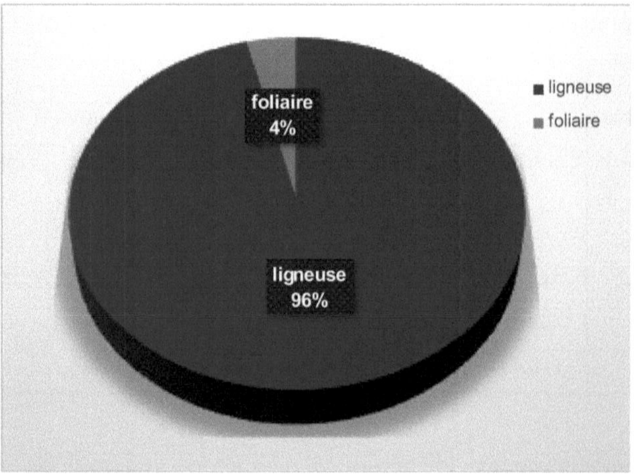

17Figura: Contribuição da biomassa foliar e lenhosa para a biomassa total acima do solo

A literatura sobre a biomassa foliar da arganeira é escassa. Agrupámos no quadro 10 os trabalhos realizados sobre a argânia. Esta comparação mostra que os povoamentos de argão dos 2 sítios da planície do Souss têm um potencial de produção foliar significativo, com uma produção foliar que varia entre 0,10 e 0,48 toneladas de matéria seca.

10Quadro: Comparação da produção de biomassa de folhas de argão

Autor	Sítio Web	Espécies	Idade	Densidade (Abeto/ha)	Biomassa foliar em t DM / ha
Benziano (1989)	Planalto Haha	Árvore de argão	Estande antigo	295	1,65
Oudaha (2007)	Planalto Haha	Árvore de argão	Jovens rejeitados	51	0,12
Marouch (2013)	Face norte de Jbel Amssiten	Floresta sobre cepos de argão	Estande antigo	100	1,35
Aamou (2013)	Lado sul de Jbel Amssiten	Floresta sobre cepos de argão	Estande antigo	100	1,36
OUHA (2022)	Admine	Floresta sobre cepos de argão	Estande antigo	100	0,35

O stock de carbono na biomassa arbórea das florestas de argão dos dois locais foi estimado de acordo com o zonamento RBA e os resultados são apresentados no Quadro 11 e na Figura 18.

11Tabela: Estoque de carbono aéreo no estrato arbóreo de acordo com o zoneamento nos 2 locais

Sítio Web	Zona	Massa seca (t/ha)	Estoque de carbono (t/ha)
Admine	Central	12,48	6,05
	Tampão	8,51	4,13
	Transição	9,34	4,53
Ouameslakht	Central	8,75	4,24
	Tampão	5,10	2,47
	Transição	3,02	1,46

No sítio de Admine, o stock de carbono na biomassa das árvores varia entre 4,13 e 6,05 (t/ha). Em Ouamslakht, o stock de carbono na biomassa das árvores varia entre 1,46 e 4,24 (t/ha). Esta diferença está relacionada com o volume de árvores por hectare.

A falta de dados sobre o sequestro de carbono nos ecossistemas de argão permitiu efetuar apenas comparações limitadas. No entanto, esses resultados são coerentes com os relatados na literatura. Com efeito, os únicos dados disponíveis sobre a argânia são os de Belghazi e Ouswati (2016), que estimaram em 5 toneladas C/ha o carbono sequestrado numa talhadia de argânia no planalto de Haha.

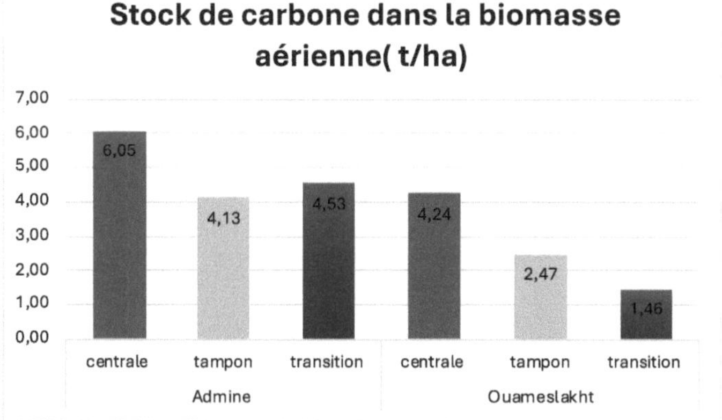

18Figura: Estoque de carbono aéreo no estrato arbóreo de acordo com o zoneamento nos 2 locais

A análise de variância utilizando um único critério de classificação mostrou uma diferença significativa entre as médias do teor de carbono nas diferentes zonas do sítio de Ouameslakht (Quadro 12). O efeito da zonagem no teor de carbono armazenado nas diferentes zonas de Ouameslakht foi significativo ($p < 0,05$).

O teste post hoc de comparação múltipla de médias para as reservas de carbono no sítio de Ouameslakht revelou diferenças significativas entre a zona central e a zona de transição, e a diferença de médias mostra a superioridade da zona central sobre as outras duas zonas (Quadro 13).

Isto deve-se geralmente ao facto de a zona central ser fechada, permitindo o desenvolvimento da biomassa acima do solo da árvore de argão.

12Quadro: ANOVA 1: estrato arbóreo no sítio de Ouameslakht

Carbono (t / ha)					
	Soma de quadrados	ddl	Quadrado médio	F	Sig.
Fator	0,091	2	0,046	4,413	**0,022**
Resíduos	0,280	27	0,010		

Total	0,371	29			

Quadro 13: Comparações múltiplas (duas a duas) dos valores médios do teor de carbono

	(I) a zona	(J) a zona	Diferença média (I-J)	Erro padrão	Sig.	Intervalo de confiança de 95%	
						Terminal inferior	Terminal superior
Diferença significativa de Tukey	Central	Tampão	0,088	0,045	0,145	-0,024	0,201
	Central	Transição	0,132*	0,045	0,019	0,019	0,245
	Tampão	Central	-0,088	0,045	0,145	-0,201	0,024
	Tampão	Transição	0,044	0,045	0,601	-0,068	0,157
	Transição	Central	-0,132*	0,045	0,019	-0,245	-0,019
	Transição	Tampão	-0,044	0,045	0,601	-0,157	0,068

*. A diferença média é significativa ao nível de 0,05.

No que diz respeito à zona de Admine, a análise de variância utilizando um único critério de classificação mostrou que não havia diferença entre as médias do teor de carbono nas diferentes zonas do sítio (Tabela 13.2). Isto pode ser o resultado de uma ação antropogénica amplificada por novas formas de ocupação do solo que alteram o stock de carbono e o potencial de renovação do stock na zona central deste sítio.

13Quadro: ANOVA 1: estrato arbóreo no sítio de Admine

Carbono (t C /ha)					
	Soma de quadrados	ddl	Quadrado médio	F	Sig.
Fator	0,093	2	0,047	2,716	**0,084**
Resíduos	0,463	27	0,017		

Total	0,557	29			

1.2.   Stock de carbono na biomassa subterrânea

No que diz respeito ao carbono armazenado na biomassa abaixo do solo, foi adoptada uma percentagem de 20% do carbono armazenado acima do solo, conforme explicado nas secções anteriores (ver secção ..., parágrafo, página 45 do presente documento).

O stock de carbono contido na biomassa subterrânea da argânia foi determinado para cada local, e os resultados são apresentados no Quadro 14.

14Quadro: Quantidade de carbono armazenado nas raízes

Sítio Web	Zona	Stock de carbono na biomassa subterrânea (t C/ ha)
Admine	Central	1,21
	Tampão	0,83
	Transição	0,91
Ouameslakht	Central	0,85
	Tampão	0,49
	Transição	0,29

Uma vez que o stock de carbono nas raízes está correlacionado com o da biomassa acima do solo, a análise dos resultados é semelhante à da biomassa acima do solo.

1.3.   Stock de carbono na necromassa

1.3.1. Carbono armazenado na madeira morta

Não foi encontrada madeira morta em pé em nenhum dos sítios. As existências de carbono aqui apresentadas (Quadro 15 e Figura 19) são exclusivamente as que se encontram no solo.

O Quadro 15 apresenta os resultados relativos às quantidades de carbono sequestradas na madeira morta.

15Quadro: Quantidade de carbono armazenado na madeira morta

Sítio Web	Zona	Stock de carbono em madeira morta (t C/ha)
Admine	Central	0,51
	Tampão	0,27
	Transição	0,47
Ouameslakht	Central	0,41
	Tampão	0,21
	Transição	0,27

O quadro 16 e a figura 19 mostram que as zonas centrais de Admine e Ouameslkaht são as que sequestram mais carbono na madeira morta e, segundo Derrière et al (2012), o stock de madeira morta e, por conseguinte, o seu carbono, aumenta com o aumento do stock de carbono aéreo das árvores vivas.

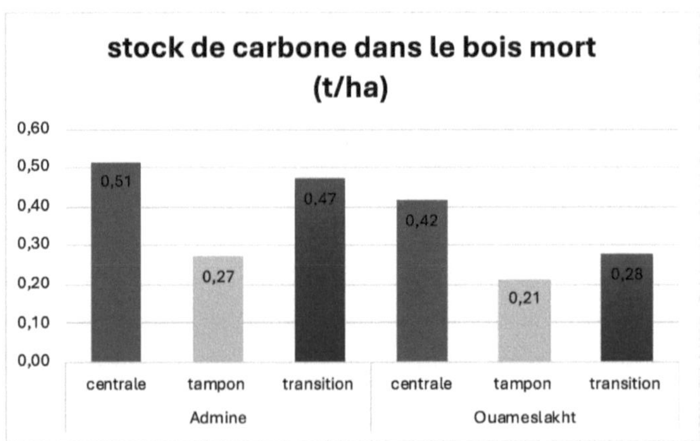

19Figura: Estoque de carbono na madeira morta de acordo com o zoneamento nos 2 locais

>A análise de variância ANOVA 1 mostra que não há diferença significativa entre as zonas nos dois sítios (p 0,05) (Quadros 16 e 17). Isto pode ser explicado pela recolha de madeira morta pela população local e pela baixa entrada de madeira morta nos dois locais.

16Quadro: ANOVA 1: madeira morta no sítio de Admine

Carbono armazenado na madeira morta					
	Soma de quadrados	ddl	Quadrado médio	F	Sig.
Fator	0,001	2	0,001	0,528	**0,615**
Resíduos	0,006	6	0,001		
Total	,0007	8			

17Quadro :ANOVA 1: madeira morta no sítio de Ouameslakht

Carbono armazenado na madeira morta					
	Soma de quadrados	ddl	Quadrado médio	F	Sig.
Fator	0,001	2	0,000	1,674	**0,264**
Resíduos	0,001	6	0,000		
Total	0,002	8			

1.3.2. Carbono armazenado na cama

A determinação do carbono armazenado na folhada é um parâmetro muito importante, uma vez que a folhada é uma das principais fontes de carbono do solo. O retorno da matéria orgânica sob a forma de folhada é muito importante para o enriquecimento do solo em carbono, uma vez que estes dois parâmetros estão correlacionados. A cama é, portanto, uma das principais fontes de carbono do solo (Quenea, 2004).

Assim, estimámos o stock de carbono nas diferentes zonas para os dois sítios e os resultados são apresentados no Quadro 18 e na Figura 20 abaixo:

18Quadro: Quantidade de carbono armazenado na cama

Sítio Web	Zona	Stock de carbono na folhada (t / ha)
Admine	**Central**	0,11
	Tampão	0,29
	Transição	0,16

Ouameslakht	Central	0,46
	Tampão	0,43
	Transição	0,18

A distribuição do carbono armazenado na folhada é a seguinte: a zona central de Ouameslakht sequestra mais carbono com cerca de 0,46 t/ha, seguida da zona tampão com 0,43 t/ha (Figura 20).

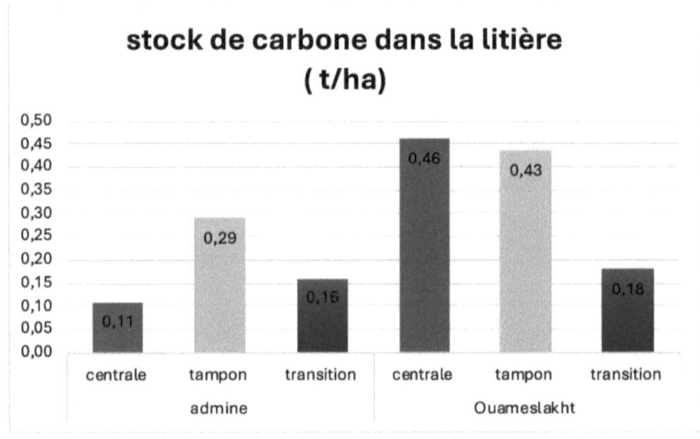

20Figura: Estoque de carbono na cama de acordo com o zoneamento nos 2 locais

>Os resultados da ANOVA1 (Tabela 19) mostram que, no sítio de Admine, a zonagem não tem um efeito significativo no stock de carbono na folhada (p 0,05). A este respeito, o sobrepastoreio poderia ser responsável nas pastagens e o cultivo na zona central.

19Quadro: ANOVA 1: Resultados do teste ANOVA 1 para o lixo em diferentes zonas do sítio de Admine

Carbono armazenado na cama					
	Soma de quadrados	ddl	Quadrado médio	F	Sig.
Fator	0,052	2	0,026	1,120	**0,386**
Resíduos	0,140	6	0,023		

| Total | 0,192 | 8 | | | |

No sítio de Ouameslakht, a análise ANOVA 1 mostra que a zonagem tem um efeito significativo no stock de carbono da folhada ($p < 0,05$)

O teste de comparação múltipla (Quadro 20) mostra que, neste sítio, o teor de carbono na folhada da zona central não é significativamente diferente do da zona tampão. No entanto, o teor de carbono na zona central é significativamente diferente do da zona de transição.

A natureza isolada da zona central e a ausência de atividade humana teriam influenciado grandemente os elevados valores de carbono armazenado na zona, em comparação com os das outras zonas.

20Quadro: ANOVA 1: lixo no sítio de Ouameslakht

Carbono armazenado na cama					
	Soma de quadrados	ddl	Quadrado médio	F	Sig.
Fator	,145	2	,073	5,675	**0,041**
Resíduos	,077	6	,013		
Total	,222	8			

Quadro 20: Comparações múltiplas (duas a duas) do valor médio do teor de carbono

Variável dependente: carbono armazenado na cama (t/ha						
LSD						
(I) a zona	(J) a zona	Diferença média (I-J)	Erro padrão	Sig.	Intervalo de confiança de 95%	
					Terminal inferior	Terminal superior
Central	Tampão	0,025	0,092	0,790	-0,200	0,251
	Transiç ão	0,281[*]	0,092	0,023	0,055	0,507
Tampão	Central	-0,025	0,092	0,790	-0,251	0,200

	Transiç ão	0,255*	0,092	0,032	0,029	0,481
Transiçã o	Central	-0,281*	0,092	0,023	-0,507	-0,055
	Tampão	-0,255*	0,092	0,032	-0,481	-0,029
*. A diferença média é significativa ao nível de 0,05.						

1.4. O stock de carbono no solo

Numa perspetiva global, os solos são um importante reservatório terrestre de carbono. O carbono orgânico do solo (SOC) é o principal constituinte da matéria orgânica do solo, que, por sua vez, é um importante fator determinante da fertilidade do solo, da capacidade de armazenamento de água e da atividade biológica. Também influencia a compactibilidade, a friabilidade e a agregação do solo, que estão diretamente ligadas à permeabilidade e à erodibilidade do solo. A estimativa da quantidade de carbono no solo é, por conseguinte, muito interessante.

O quadro 21 apresenta os resultados relativos às quantidades de carbono sequestradas no solo.

21Quadro: Quantidade de carbono armazenado no solo

Sítio Web	Zona	Stock de carbono do solo (t/ha)
Admine	**Central**	57,12
	Tampão	45,21
	Transição	13,93
Ouameslakht	**Central**	38,79
	Tampão	28,24
	Transição	17,46

De acordo com o Quadro 21 e a Figura 21, as áreas centrais dos sítios de 2 Admine e Ouameslakht sequestram mais carbono, com 75,94 t C/ha e 38,79 t C/ha, respetivamente.

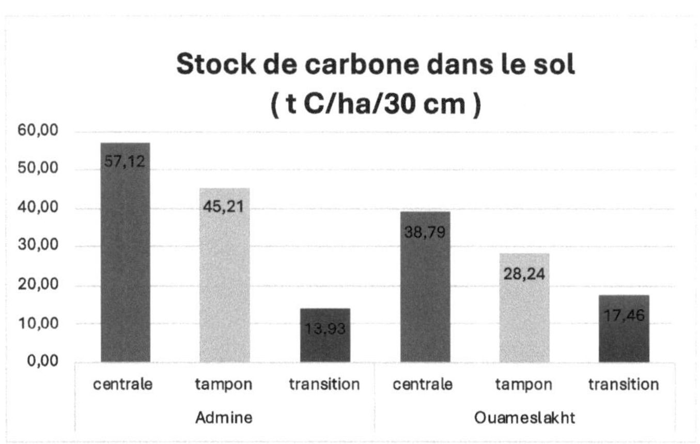

21Figura: Stock de carbono do solo por zonagem nos 2 sítios

Os resultados apresentados nos gráficos mostram que a quantidade de carbono sequestrado no solo nos primeiros 30 centímetros é maior nas zonas centrais. No entanto, os resultados da ANOVA1 (Tabela 22) mostram que o stock de carbono no solo não é significativamente diferente entre zonas no sítio de Admine (p >0,05).

22Quadro: ANOVA 1: solo do sítio de Admine

Estoque de carbono t/ha					
	Soma de quadrados	ddl	Quadrado médio	F	Sig.
Fator	1523,706	2	761,853	,902	**0,454**
Resíduos	5067,168	6	844,528		
Total	6590,874	8			

Quanto à zona de Ouameslakht, a análise de variância mostra que existe um efeito da zonagem no sequestro de carbono do solo (Quadro 23), pelo que é necessária uma comparação múltipla das médias.

23Quadro: ANOVA 1: solo do sítio de Ouameslakht

Estoque de carbono t/ha					
	Soma de quadrados	ddl	Quadrado médio	F	Sig.

Fator	546,728	2	273,364	8,524	**0,018**
Resíduos	192,415	6	32,069		
Total	739,143	8			

A comparação múltipla das médias revelou diferenças significativas entre a zona central e a zona de transição. A diferença de médias mostra a superioridade da zona central em relação às outras duas zonas (Quadro 24).

As práticas aplicadas poderiam modificar o stock de carbono, alterando o tipo de utilização das terras, por exemplo, cultivando a floresta e reduzindo a cobertura do solo. No entanto, a vedação permitiu que uma parte da biomassa vegetal regressasse ao solo, reduzindo a intensidade do pastoreio e limitando as operações de lavoura, que estimulam a decomposição da matéria orgânica.

De acordo com os conhecimentos actuais (Pellerin et al, 2019), entre estas práticas, são as que influenciam as quantidades de carbono devolvido, que alimentam o reservatório de carbono orgânico do solo, que determinarão o stock de carbono de equilíbrio num determinado contexto pedoclimático.

24Quadro: Comparações múltiplas (duas a duas) do valor médio do teor de carbono

Variável dependente: stock de carbono no solo (t C/ha							
	A zona (I)	A zona (J)	Diferença média (I-J)	Erro padrão	Sig.	Intervalo de confiança de 95%	
						Terminal inferior	Terminal superior
LSD	Central	Tampão	11,080	4,623	0,054	-0,233	22,394
		Transição	19,004[*]	4,623	0,006	7,690	30,318
	Tampão	Central	-11,080	4,623	0,054	-22,394	0,233
		Transição	7,924	4,623	0,137	-3,389	19,23
	Transição	Central	-19,004[*]	4,623	0,006	-30,318	-7,690

| | | Tampão | -7,924 | 4,623 | 0,137 | -19,238 | 3,389 |

*. A diferença média é significativa ao nível de 0,05.

1.5. Estoque de carbono total e sua distribuição nos reservatórios

Após o cálculo das reservas de carbono nos diferentes reservatórios (biomassa aérea, biomassa subterrânea, necromassa e solo), a reserva total no ecossistema da argânia de planície é apresentada no quadro seguinte:

25Quadro: Carbono total armazenado nas albufeiras

Sítios	Zona	Estoque de árvores (T/ha)	Porta-enxerto (T/ha)	Estoque de madeira morta (T/ha)	Estoque de cama (T/ha)	Estoque de solo (T/ha)	Total das existências (T/ha)
Admine	Central	6,05	1,21	0,51	0,11	57,12	65
	Tampão	4,13	0,83	0,27	0,29	45,21	50,73
	Transição	4,53	0,91	0,47	0,16	25,56	31,63
Ouameslakht	Central	4,24	0,85	0,41	0,46	38,79	44,75
	Tampão	2,47	0,49	0,21	0,43	28,24	31,84

| | **Transi ção** | 1,46 | 0,29 | 0,27 | 0,18 | | |
| | | | | | | 17,46 | 19,66 |

No sítio de Admine, o stock total de carbono dos diferentes reservatórios é de 49,12 t C ha^{-1} e de 32 t C ha^{-1} para o sítio de Ouameslakht. O stock total de carbono contido em cada zona é o seguinte (Figura 22):

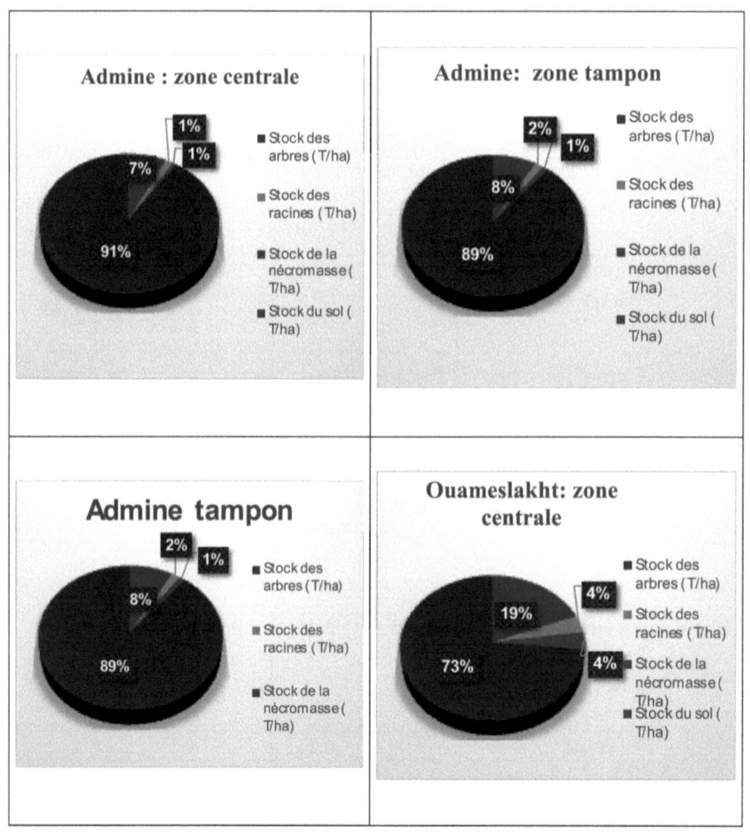

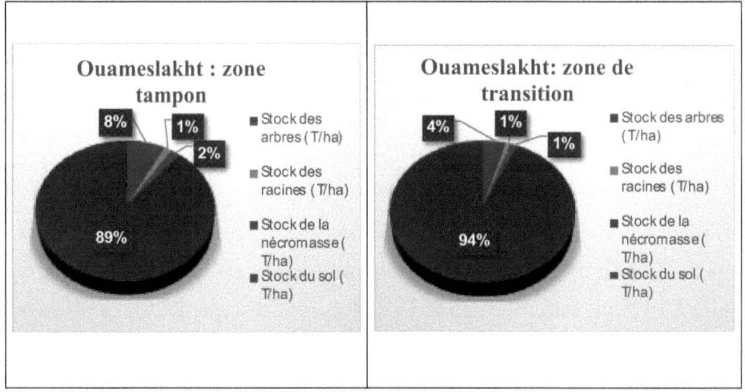

22Figura: Distribuição do carbono nos diferentes reservatórios

- No sítio Web da Admine :

✓ A zona central armazena 65 t C/ha, dos quais 9% em biomassa acima do solo, 2% em biomassa abaixo do solo, 1% em necromassa e 88% no solo.

✓ A zona tampão armazena 50,73 t C/ha, dos quais 8% em biomassa acima do solo, 2% em biomassa abaixo do solo, 1% em necromassa e 89% no solo.

✓ A zona de transição armazena 31,63 t C/ha, dos quais 8% na biomassa acima do solo, 2% na biomassa abaixo do solo, 1% na necromassa e 89% no solo.

- No sítio de Ouameslakht:

✓ A zona central armazena 44,75 t C/ha, dos quais 19% em biomassa acima do solo, 4% em biomassa abaixo do solo, 4% em necromassa e 73% no solo.

✓ A zona tampão armazena 31,84 t C/ha, com 8% na biomassa acima do solo, 1% na biomassa abaixo do solo, 2% na necromassa e 89% no solo.

✓ A zona de transição armazena 19,66 t C/ha, dos quais 4% estão na biomassa acima do solo, 1% na biomassa abaixo do solo, 1% na necromassa e 94% no solo.

Em geral, o solo é um reservatório essencial de carbono e pode conter até dois terços das reservas totais de carbono dos ecossistemas (Dixon et al., 1994; Mao et al., 2010; IPCC, 2014). Isto também foi demonstrado nos ecossistemas florestais mediterrânicos (Ruiz Peinado et al., 2013). No nosso contexto, os 30 cm superiores do solo são o principal compartimento de armazenamento de carbono neste ecossistema, representando cerca de 85,1% das existências médias totais de carbono orgânico. A biomassa acima do solo da árvore de argão é a segunda maior reserva de carbono, representando apenas 10,6%, a biomassa abaixo do solo vem em terceiro lugar com 2,5% e, finalmente, a necromassa, que contribui com 1,6% do stock total de carbono orgânico.

A distribuição do carbono nos reservatórios depende aparentemente do ecossistema. De facto, foi referido que as florestas tropicais têm 56% do seu stock de carbono na biomassa e 32% no solo, enquanto as florestas boreais têm apenas 20% na biomassa e 60% no solo, sendo o restante carbono retido na madeira morta e na folhada (Pan et al., 2011).

Em comparação com outros ecossistemas mediterrânicos, o stock médio de carbono total na nossa área de estudo é baixo em comparação com o dos montados de sobro e cedro, onde pode atingir 140 e 300 toneladas de C/ha, respetivamente (Rhoufacha, 2021; Hounzandji, 2008). Esta variabilidade pode ser explicada pelo clima, pela estrutura do povoamento (densidade, idade, etc.) e pelo tipo de solo.

1.6. Conversão do carbono em dióxido de carbono

O stock de carbono foi descrito em termos de biomassa e de carbono. Quando falamos de alterações climáticas, estamos interessados nas emissões resultantes de alterações na utilização dos solos em termos de dióxido de carbono (CO_2). Para converter a quantidade de carbono em dióxido de carbono, a quantidade de carbono deve ser multiplicada por 3,667 (o rácio das massas moleculares de CO_2/C, que corresponde ao rácio: 44/12 ou 3,67) (IPCC, 2006; Mcghee et al., 2016). Utilizando este coeficiente, a quantidade de CO_2 sequestrado na área de estudo é apresentada na tabela seguinte:

26Quadro :: Quantidade de dióxido de carbono (CO_2) armazenado nos sítios estudados

Sítio Web	Zona	Estoque total (t CO_2/ha)
	Central	238,33
Admine	Tampão	186,01
	Transição	115,97
	Central	164,10
Ouameslakht	Tampão	116,76

	Transição	72,08

Conclusão

A comparação das reservas de carbono nas albufeiras entre as diferentes zonas dos dois sítios mostra que a reserva total de carbono é relativamente mais elevada nas zonas centrais dos dois sítios, mas os testes estatísticos mostraram que o efeito de zonagem só é significativo no sítio de Ouameslakht, o que realça a eficácia da retirada de terras da produção, que é uma estratégia de gestão destinada a proteger os ecossistemas.

É de salientar que as zonas centrais sequestram mais carbono do que as zonas tampão e de transição, o que está relacionado com a escolha das zonas centrais pelos gestores, uma vez que estas zonas têm um aspeto selvagem com pouca perturbação.

Capítulo 2: Estudo da dinâmica de utilização dos solos na RBA entre 1998 e 2021

Introdução

O capítulo seguinte traça a evolução da dinâmica do uso do solo, analisando a mudança nas classes de uso do solo de acordo com o critério da área de superfície. Para o efeito, foram escolhidos dois anos. Esta escolha não é aleatória, mas tem por objetivo descrever da forma mais completa possível o impacto da retirada da árvore de argão desde 1998 na dinâmica da utilização das terras e no stock de carbono no solo da área de estudo. O período de estudo vai de 1998 a 2021.

Para tal, utilizámos a ferramenta Trends.Earth como uma plataforma de conservação internacional para monitorizar as alterações da terra utilizando observações da Terra num sistema de secretária

2.1.Avaliação das tendências de utilização dos solos na RBA

A análise dos dados de tendência (Quadros 27 e 28) mostra que as ocupações de pastagens e de solo nu diminuíram nos últimos 23 anos, em 3,81% e 10,46%, respetivamente. Isto representa, para as duas ocupações respetivamente, uma taxa anual de cerca de -3 111 ha e -1 396 ha. As pastagens que mudaram de uso foram convertidas em terras não urbanizadas e outras terras (1 873 ha) e em terras cultivadas e florestas (104 585 ha). Os terrenos nus e outras terras que mudaram de classe foram convertidos em parques (28.796 ha) e terras cultivadas (4.118 ha). Embora o saldo das terras florestais e das terras cultivadas seja positivo, estas foram transferidas para pastagens (5.124 ha e 99.461 ha, respetivamente).

27Quadro: Alteração da ocupação do solo na reserva da biosfera entre 1998 e 2021

Utilização do solo	Superfície em 1998 (ha)	Superfície em 2021 (ha)	Dinâmica entre 1998 e 2021 (ha)	Percentagem (%)

A floresta	139 196	152 996	13 800	9,91%
Curso	1 879 473	1 807 917	-71 556	**-3,81%**
Agricultura	637 555	722 677	85 123	13,35%
Assentamentos humanos	19 291	23 859	4568	23,68%
Solo nu	306 942	274 825	-32 117	**-10,46%**
Zonas húmidas e massas de água	4628	4809	476 360	3.94
Total :	2 987085	2 987085	0	

28Quadro : Matriz das alterações da utilização dos solos (conversão) (ha) na Reserva da Biosfera de Arganeraie entre 1998 e 2021

1998 \ 2021	A floresta	Curso	Agricultura	Assentamentos humanos	Solo nu	Zonas húmidas	*Total :*
A floresta	139 008	27	161	0	0	0	139 196
Curso	5 124	1 773 015	99 461	199	1 546	129	1 879 473
Agricultura	88,63	60,79	6 189,37	35,30	1,28	0,16	637 555
Assentamentos humanos	0	0	0	19 291	0	0	19 291
Solo nu	0	28 796	4 118	823	273 151	54	306 942
Zonas húmidas	0	0	0	16	0	4 612	4 628
Total :	152 996	1 807 917	722 677	23 859	274 825	4 810	2 987 085

As tendências globais da ocupação do solo na RAS entre 1998 e 2021 mostram que a maioria das terras se manteve estável (94,67%). O coberto vegetal melhorado representa 4,91%. Por outro lado, as terras com cobertura degradada representam menos de 0,42% da superfície (Quadro 29). As principais caraterísticas desta transformação regressiva podem ser resumidas da seguinte forma:

- ✓ As terras florestais transformadas foram convertidas em pastagens;
- ✓ As terras de pastagem que foram convertidas foram transformadas em solo nu;

O pastoreio é o fator mais significativo de degradação das terras florestais e cultivadas na ASR.

29Quadro: Resumo das alterações da ocupação do solo entre 1998 e 2021

Tipo de alteração da ocupação do solo	Superfície (ha)	Percentagem (%)
Terras com cobertura melhorada	146 362	4,91%
Terras com cobertura estável	2 823 418	94,67%
Terras com cobertura degradada	12 490	0,42%

As figuras 23, 24 e 25 mostram os mapas de utilização do solo da Reserva da Biosfera de Arganeraie para 1998 e 2021, bem como o mapa de degradação do solo.

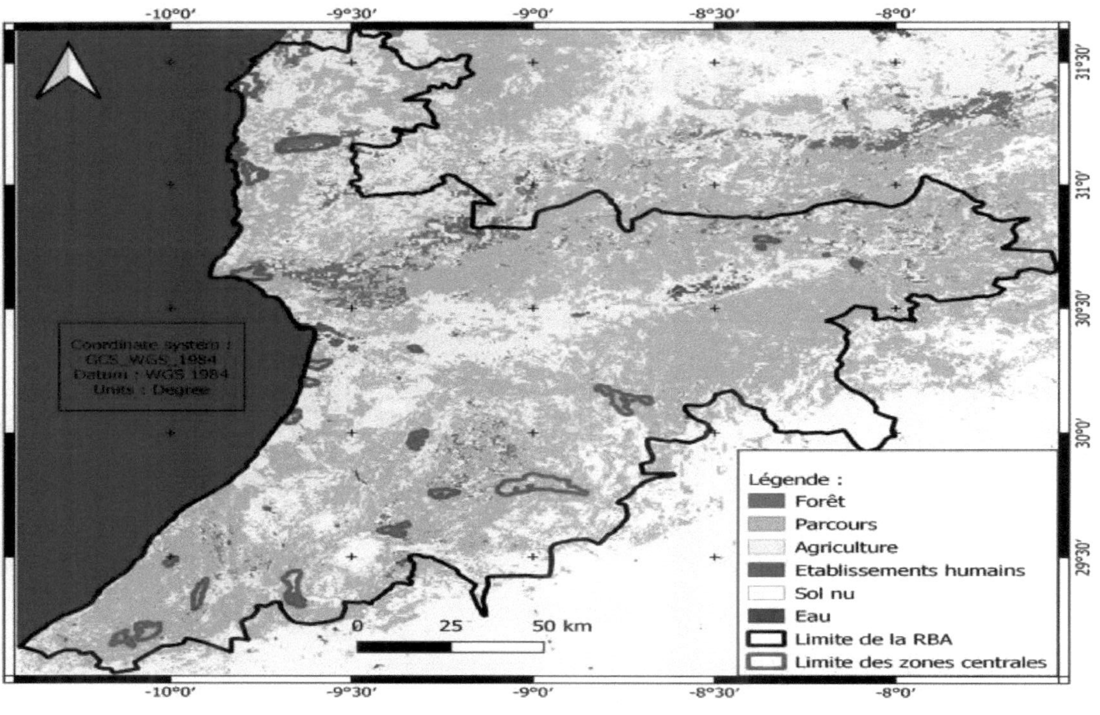

23Figura: Mapa de utilização do solo da RBA em 1998

85

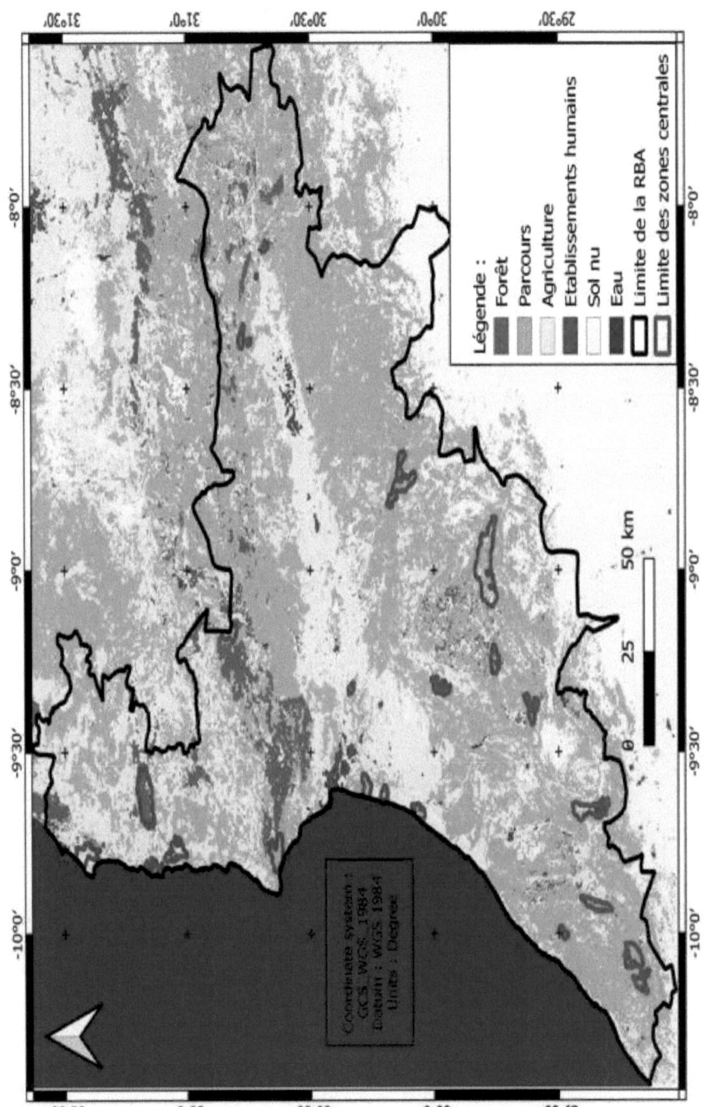

24Figura: Mapa da utilização do solo na RBA em 2021

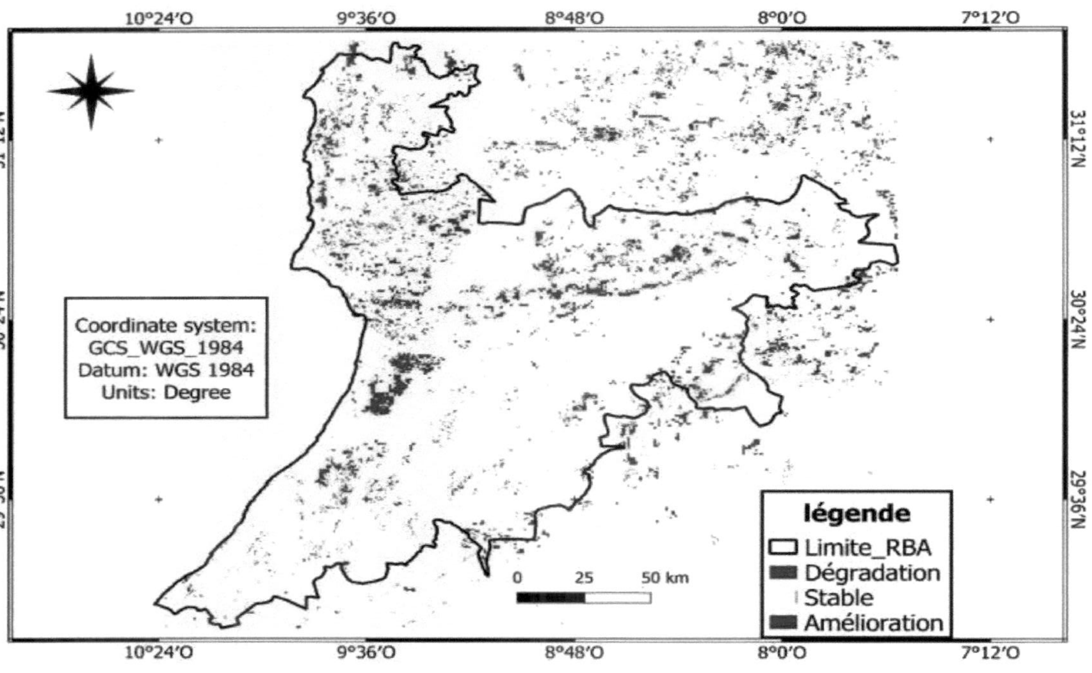

25Figura: Mapa da degradação do uso do solo na ASR entre 1998 e 2021

2.2.Avaliação das tendências de utilização dos solos na zona central da RBA

A análise dos dados de tendência (Quadros 30 e 31) mostra que 4 ocupações do solo diminuíram em 23 anos: floresta, parque, zonas húmidas e solo nu, com respetivamente -9,33%, -10,27%, -0,35% e -25,27%. Isto representa, para as quatro ocupações respetivamente, uma taxa anual de cerca de -4,43 ha, -1.687 ha, -0,23 ha, -709,25 ha. As terras florestais que mudaram de uso foram convertidas em terras agrícolas (102 ha). As pastagens que mudaram de uso foram convertidas em terras agrícolas (52.720 ha). Os solos nus e outras terras que mudaram de classe foram convertidos em parques (13.471 ha) e terras cultivadas (2.240 ha).

30Quadro : Evolução da cobertura terrestre na zona central da RBA entre 1998 e 2021

Utilização do solo	Superfície em 1998 (ha)	Superfície em 2021 (ha)	Dinâmica entre 1998 e 2021 (ha)	Percentagem (%)
A floresta	1091	989	-102	**-9,33%**
Curso	377 880	339 061	-38 819	**-10,27%**
Agricultura	284 230	335 405	51 176	18,01%
Assentamentos humanos	16 223	20 287	4064	25,05%
Solo nu	64 558	48 245	-16 313	**-25,27%**
Zonas húmidas e massas de água	1514	1509	-5	**-0,35%**
Total :	745 497	745 497	0	

31Quadro : Matriz de mudança de uso do solo (conversão) (ha) na zona central da RBA entre 1998 e 2021

1998 \ 2021	A floresta	Curso	Agricultura	Assentamentos humanos	Solo nu	Zonas húmidas	*Total :*

A floresta	989	0	102	0	0	0	1091
Curso	0	324 929	52 720	194	38	0	377 880
Agricultura	0	661	280 344	3193	32	0	284 230
Assentamentos humanos	0	0	0	16 223	0	0	16 223
Solo nu	0	13 471	2240	672	48 176	0	64 558
Zonas húmidas	0	0	0	5	0	1509	1514
Total :	989	339 061	335 405	20 287	48 245	1509	745 497

As tendências globais da ocupação do solo na RBA entre 1998 e 2021 mostram que 0,66% das terras foram degradadas. A cobertura vegetal melhorada representa 9,2%. No entanto, as terras com cobertura estável representam 90,14% da superfície (Tabela 32). Esta transformação pode ser descrita da seguinte forma:

- ✓ As terras florestais e as pastagens foram convertidas para a agricultura;
- ✓ O solo nu foi transformado em assentamentos humanos;

A agricultura é o fator mais importante de degradação das florestas e das pastagens na planície de Souss et Dir.

32Quadro : Resumo das alterações da ocupação do solo na zona central da RBA, entre 1998 e 2021

Tipo de alteração da ocupação do solo	Superfície (ha)	Percentagem (%)
Terras com cobertura melhorada	68 430	9,20%
Terras com cobertura estável	670 670	90,14%
Terras com cobertura degradada	4 890	0,66%

As figuras 26, 27 e 28 mostram os mapas de utilização dos solos da Reserva da Biosfera de Arganeraie para 1998 e 2021, bem como o mapa de degradação dos solos.

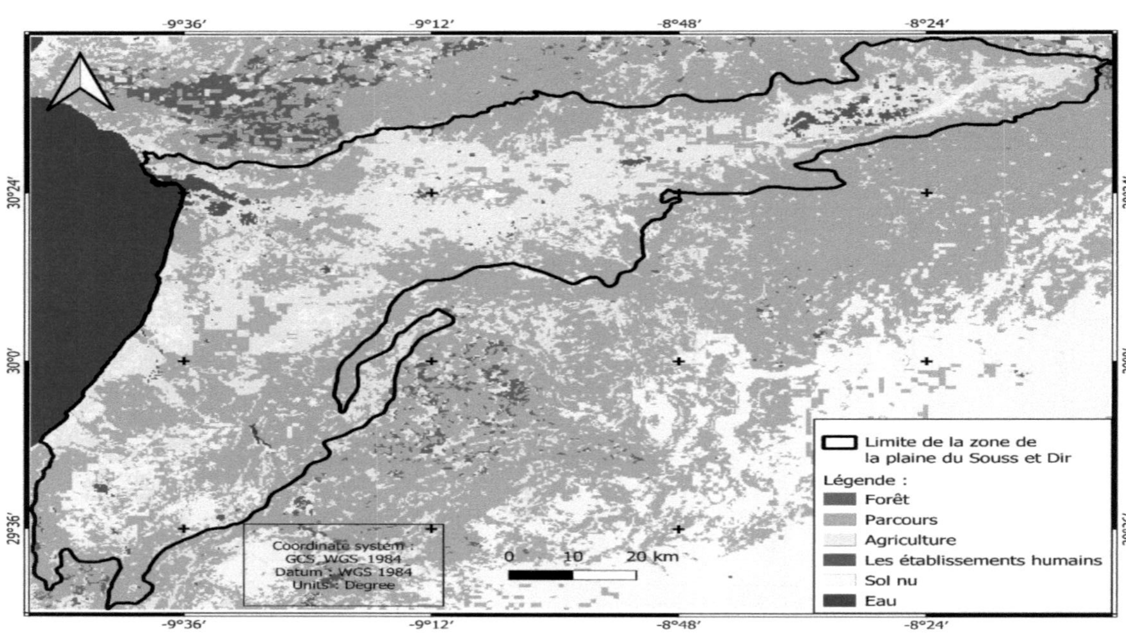

26Figura: Mapa de utilização do solo da zona central da RBA em 1998

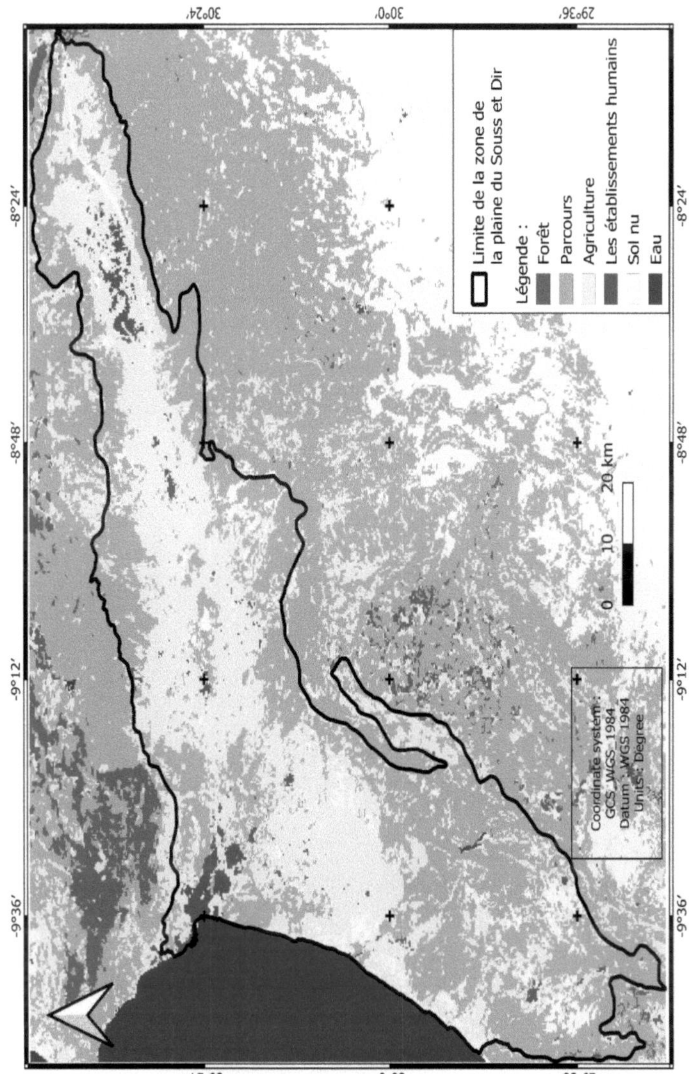

27Figura: **Mapa da utilização dos solos na zona central da RBA em 2021**

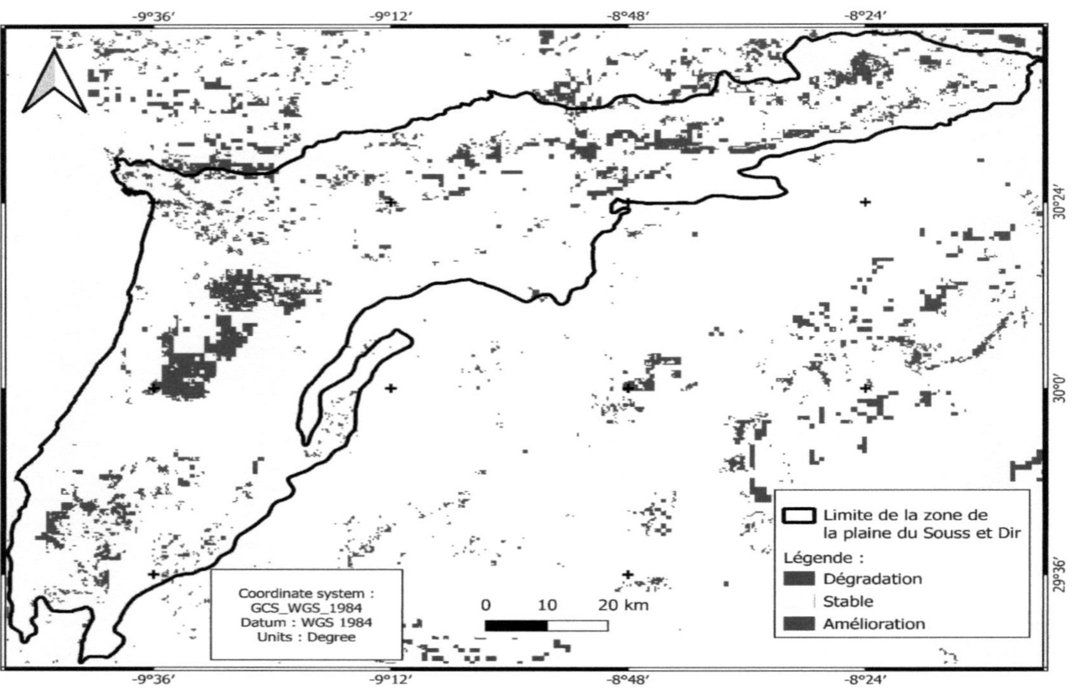

28Figura: Mapa da degradação do uso do solo na zona central da RBA entre 1998 e 2021

2.3. Avaliação das tendências do stock de carbono orgânico do solo na zona central da RBA

À escala da superfície total da zona central da RBA, o stock de COS é estável. Entre 1998 e 2021, apesar da dinâmica das superfícies de ocupação do solo, 97,29% da superfície da planície de Souss et Dir terá um stock de COS estável. As superfícies que registaram uma melhoria do seu stock de COS representam 0,61% e as que registaram uma degradação representam 2,09% (Tabela 33).

33Quadro: Resumo das alterações do carbono orgânico do solo entre 1998 e 2021 na zona central da RBA

Tendências do stock de carbono	Área de superfície (ha)	Percentagem da superfície total (%)
Superfície de terreno com melhoramento COS	4 560	0,61
Superfície de terra com um COS estável	723 846	97,29
Superfície de terras com degradação da COS	15 580	2,
Superfície total	743 990	100

Os resultados numéricos relativos ao stock de carbono orgânico do solo (SOC) entre o ano de criação da RAS (1998) e o ano final de 2021 (23 anos) (Quadro 34 e Figuras 29 e 30) mostram que as ocupações de floresta, pastagem e solo nu e outras terras apresentam uma perda líquida no saldo do stock de SOC de -11,17%, 12,93% e -14,36% respetivamente. A diminuição do saldo das existências de SOC durante este período deve-se também à diminuição das taxas de carbono por unidade de superfície (t C/ha) entre 1998 e 2021. Para as florestas, a taxa de carbono caiu de 36,54 t C/ha para 35,79 t C/ha, enquanto para as pastagens, a taxa de carbono caiu de 23,07 t C/ha para 22,39 t/ha. Este facto pode ser explicado pelas alterações na estrutura das pastagens. A este respeito, o sobrepastoreio pode ser responsável nas pastagens e o cultivo nos solos nus e noutras terras.

Ao nível da floresta, os nossos resultados estão em conformidade com os resultados numéricos para o stock de carbono orgânico do solo (SCOS) em 2021, com um stock médio de 35 t C/ha.

34Quadro: Alterações no stock de carbono do solo (SOC) por utilização do solo no centro da RBA de 1998 a 2021

uso do solo	Estoque COS 1998 (toneladas /ha)	Estoque COS 2021 (toneladas/ ha)	Área de superfície 1998 (ha)	Superfície 2021 (ha)	Estoque COS 1998 (toneladas)	Estoque COS 2021 (toneladas)	Variação Existências de COS (toneladas)	Variação Estoque COS (%)
Floresta	36,54	35,79	1091	9890	39 863,47	35 410,65	-4 452,82	**-11,17%**
Curso	23,07	22,39	377 880	339 061	8 717 950,82	7 590 343,11	-1 127 607,71	**-12,93%**
Agricultura	30,35	30,25	284 230	335 405	8 626 823,11	10 146 855,50	1 520 032,38	17,62%
Assentamento s humanos	40,31	40,31	16 223	20 281	653 884,69	817 450,80	163 566,12	25,01%
Solo nu	19,77	22,66	64 558	48 245	1 276 480,39	1 093 151,16	-183 329,24	**-14,36%**
Total			743 990	743 990	19 315 002	19 683 211	368 208	

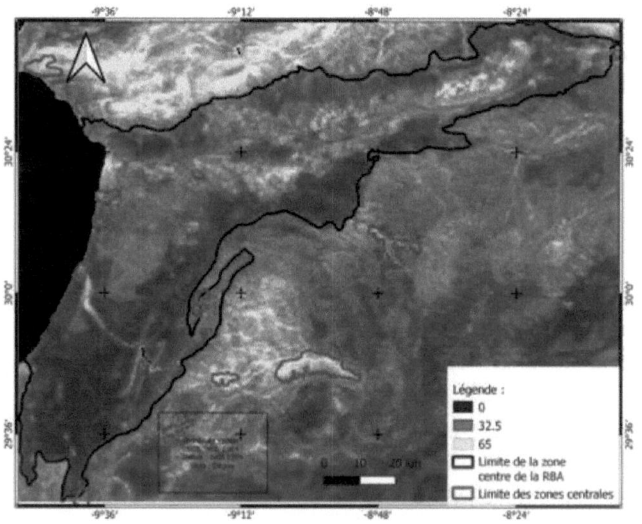

29Figura: Estoque de carbono orgânico do solo na zona central da RBA em 1998

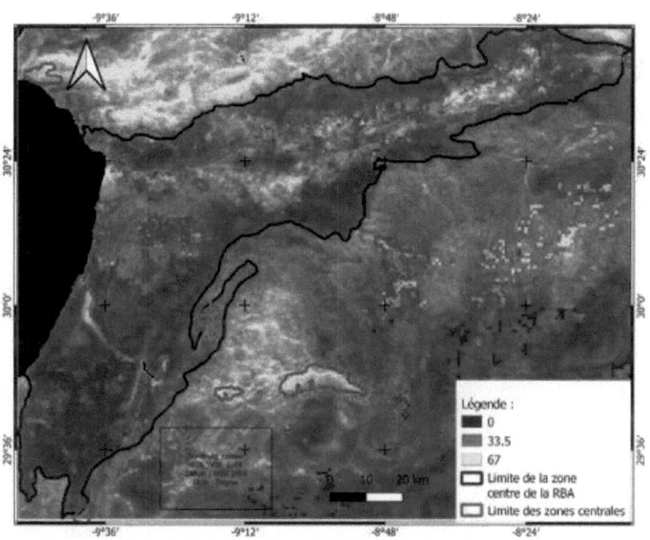

30Figura: Stock de carbono orgânico do solo na zona central da ASR em 2021

2.4.Acompanhamento espácio-temporal da dinâmica da utilização dos solos nas zonas centrais da planície do Souss e do Dir : Admine e Ouameslakht

A análise da dinâmica espacial das duas centrais baseou-se no estudo da evolução da superfície das unidades de uso do solo. Os resultados desta análise foram obtidos em 3 fases:

- O primeiro analisa a situação da utilização do solo na zona de estudo em cada uma das datas de 1998 e 2021;

- O 2º gerou mapas de ocupação do solo para as datas de 1998 e 2021 e apresentou as áreas das classes de ocupação do solo, bem como a taxa de cobertura de cada classe para cada data;

- A 3ª é detetar a alteração registada entre as duas datas e apresentar os resultados espacialmente no mapa de alterações.

2.4.1. Dinâmica da utilização do solo na zona central de Admine entre 1998 e 2021

2.4.1.1.Situação na zona central de Admine em 1998

A classificação permitiu distinguir 2 classes (Figura 31):

- Floresta,
- O percurso.

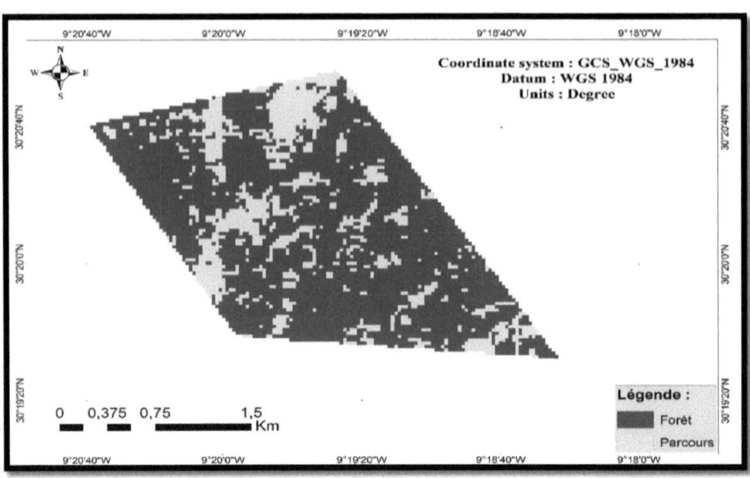

31Figura: Mapa de utilização do solo da zona central de Admine em 1998

A situação do uso do solo é apresentada no Quadro 35 e na Figura 32. Os cálculos mostram que a maior área é ocupada por floresta, com uma superfície de 399,73 ha, seguida por pastagens, que cobrem uma área de 124,27 ha. Estas superfícies mostram que, em 1998, a maior parte das terras da zona de estudo era utilizada para a silvicultura

35Quadro : Superfície e taxa de cobertura das unidades de utilização do solo na área de estudo da Admine para 1998

Classe	Área de superfície (ha)	Taxa de cobertura (%)
Floresta	399,73	76,3
Curso	124,27	23,7

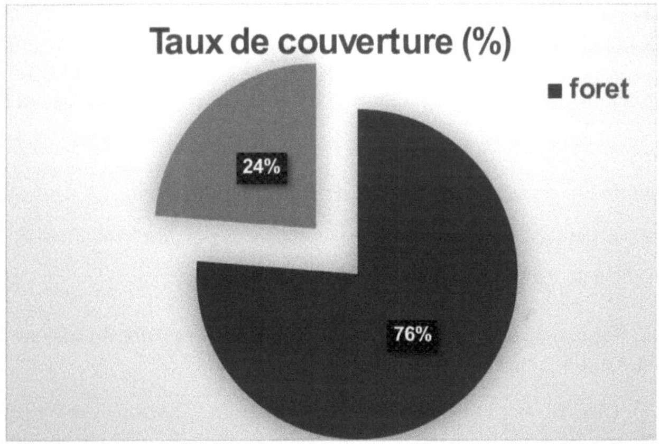

32Figura: Classes de utilização do solo em Admine em 1998 em percentagem

A classificação permitiu distinguir 2 classes (Figura 33):

- Floresta,
- O percurso.

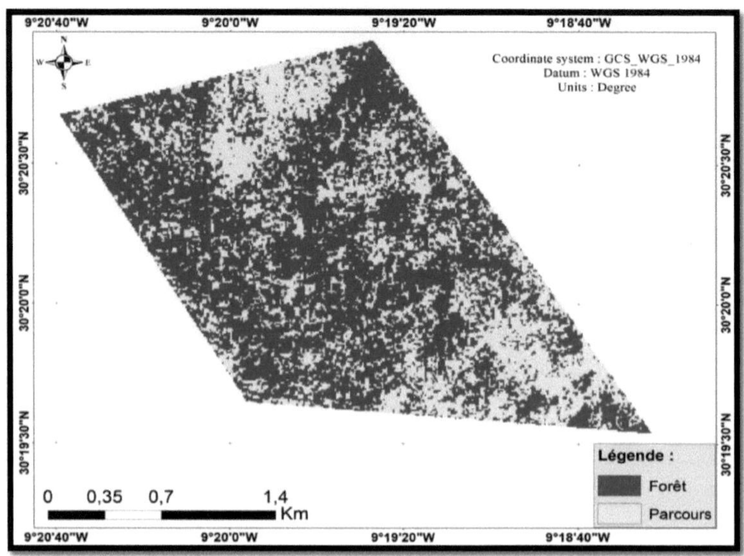

33Figura :Mapa de utilização do solo da zona central de Admine em 2021

A situação do uso do solo é apresentada na Tabela 36 e na Figura 34. De acordo com as estatísticas geradas, as maiores áreas são ocupadas por florestas e pastagens, com uma superfície de 326,44 e 197,56 hectares, respetivamente

36Tabela: Superfície e taxa de cobertura das unidades de uso do solo na área de estudo da Admine para o ano de 2021

Classe	Área de superfície (ha)	Taxa de cobertura (%)
Floresta	326,44	62,3
Curso	197,56	37,7

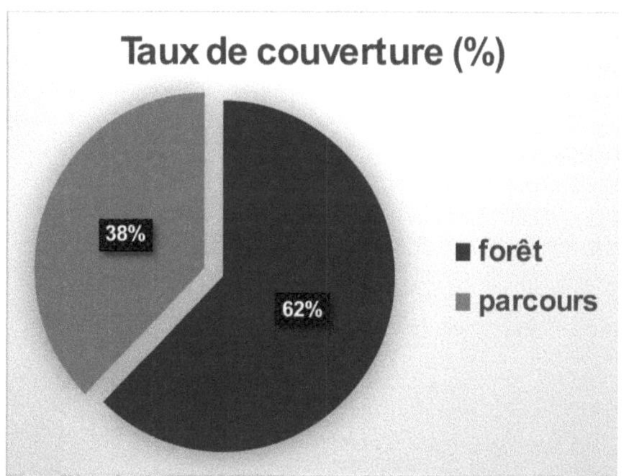

34Figura: Classes de utilização do solo em Admine em 2021 em percentagem

2.4.1.2.Interpretação da classificação

A análise da dinâmica espacial na área de estudo de Admine baseia-se na análise da evolução da superfície das unidades de uso do solo durante um período de 23 anos (de 1998 a 2021). O objetivo deste estudo é apresentar a evolução no tempo das duas classes: floresta e pastagem.

37Quadro : Variação das unidades de utilização dos solos entre 1998 e 2021

Classe	Área (ha) em 1998	Superfície (ha) em 2021	Crescimento entre 1986 e 1996 (ha)	Taxa média anual (ha)
Floresta	399,73	326,44	-73,29	-3,19
Curso	124,27	197,56	73,29	3,19

A análise da Tabela 37 mostra as mudanças na área de estudo em termos de ganhos e perdas de área para cada uso da terra para o período 1998-2021. O aumento da área de pastagem em detrimento da área florestal mostra que a degradação florestal está a começar a ocorrer numa área destinada à conservação da biodiversidade através da proibição de qualquer atividade humana.

✓ A floresta diminuiu a uma taxa média anual de **-3,19** ha/ano;

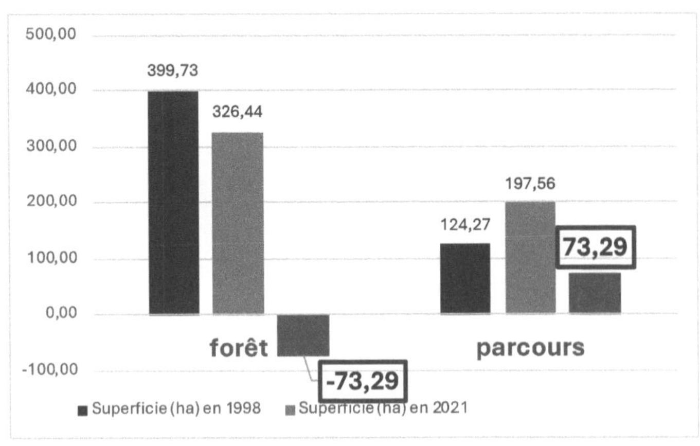

35Figura: Alteração da utilização do solo em Admine entre 1998 e 2021

A análise das Figuras 35 e 36 mostra as mudanças ocorridas e a evolução das unidades de uso do solo na área de estudo entre 1998 e 2021, representadas por um declínio significativo da classe florestal em favor das pastagens.

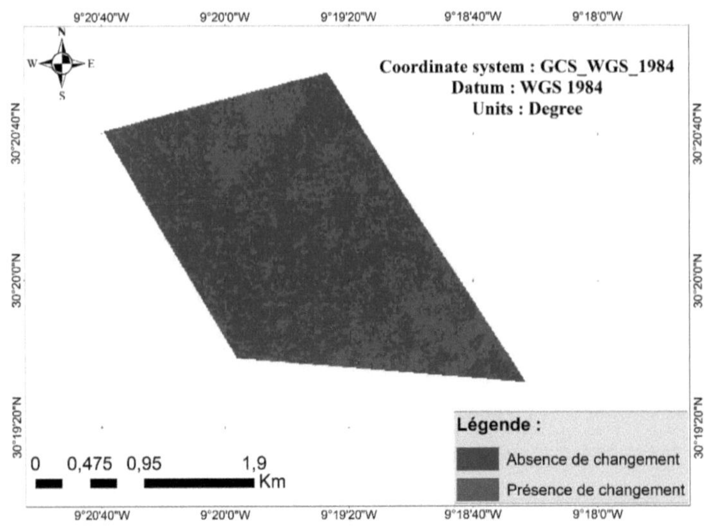

36Figura: Mapa das mudanças de uso do solo na zona central de Admine entre 1998 e 2021

2.4.2. Dinâmica da utilização dos solos na zona central de Ouameslakht entre
1998 e 2021

2.4.2.1.Situação da zona central de Ouameslakht em 1998

A classificação distingue 2 classes:

- ✓ Floresta,
- ✓ O percurso.

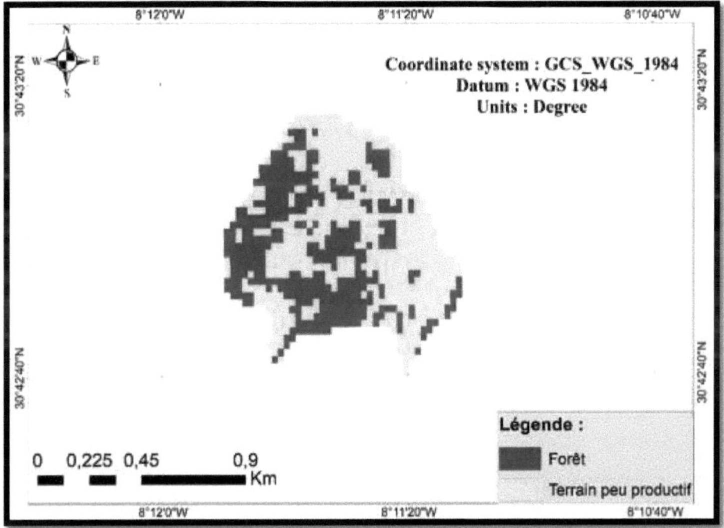

37Figura: Mapa de utilização do solo da zona central de Ouameslakht em 1998

A situação do uso do solo é apresentada no Quadro 38 e nas Figuras 37 e 38. De acordo
com as estatísticas geradas, a zona central de Ouameslakht está dividida entre floresta
e terras improdutivas, com áreas de 30,35 e 41,65 hectares, respetivamente. É de notar
que a área ocupada por floresta representa 42,15% da área total da zona central.

**38Quadro : Superfície e taxa de cobertura das unidades de utilização do solo na
zona de estudo de Ouameslakht para 1998**

Classe	Área de superfície (ha)	Taxa de cobertura (%)
Floresta	30,35	42,15

| Terras improdutivas | 41,65 | 57,65 |

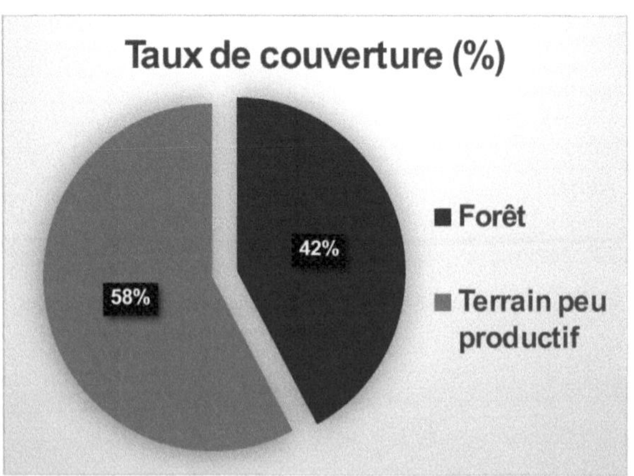

38Figura: Classes de utilização do solo em Ouameslakht em 1998 em percentagem

2.4.2.2.Situação da zona central de Ouameslakht em 2021

A classificação distingue 2 classes:

- Floresta,

- Não é uma terra muito produtiva.

A situação em Ouameslakht é ilustrada na figura seguinte:

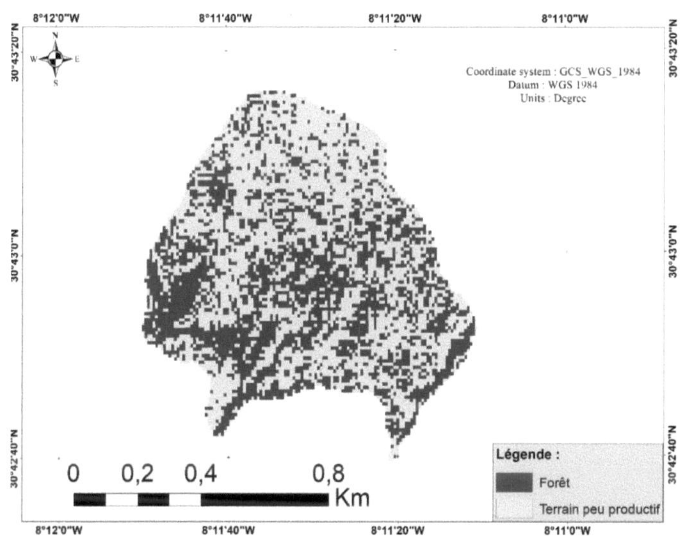

39Figura: Mapa de utilização dos solos da zona central de Ouameslakht em 2021

A classificação distingue 2 classes de utilização do solo:

- Perfurar,
- Não é uma terra muito produtiva.

A situação do uso do solo é apresentada na tabela 39 e nas figuras 39 e 40. De acordo com as estatísticas geradas, as maiores áreas são ocupadas por floresta e terras de baixa produtividade, com uma superfície de 31,14 e 40,86 hectares, respetivamente. As terras improdutivas ocupam 40,86 ha com uma percentagem de 57%.

39Quadro : Superfície e taxa de cobertura das unidades de utilização do solo na zona de estudo de Ouameslakht para o ano de 2021

Classe	Área de superfície (ha)	Taxa de cobertura (%)
Floresta	31,14	43,25
Terras improdutivas	40,86	56,75

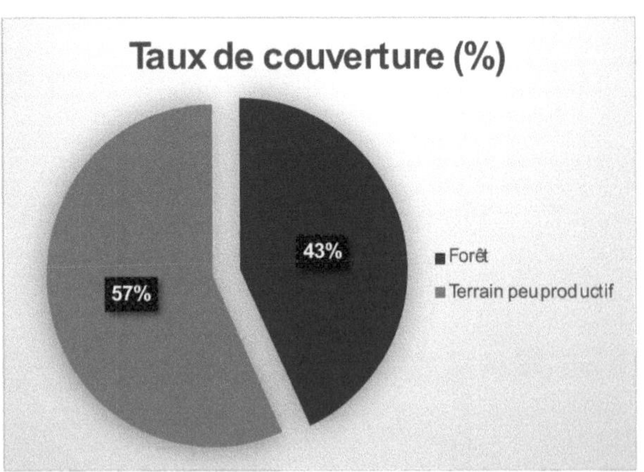

40Figura: Classes de utilização do solo em Ouameslakht em 2021 em termos percentuais

2.4.2.3.Interpretação da classificação

A análise da dinâmica espacial na área de estudo de Ouamselakht baseia-se na análise da evolução da superfície das unidades de utilização dos solos durante um período de 23 anos (de 1998 a 2021). O objetivo deste estudo é apresentar a evolução no tempo das duas classes, nomeadamente a floresta e as terras menos produtivas.

40Quadro : Variação das unidades de utilização dos solos entre 1998 e 2021

Classe	Área (ha) em 1998	Superfície (ha) em 2021	Crescimento entre 1986 e 1996 (ha)	Taxa média anual (ha)
Floresta	30,35	31,14	0,79	0,03
Terras improdutiv as	41,65	40,86	-0,79	-0,03

A análise do Quadro 40 mostra as alterações na área de estudo em termos de ganhos e perdas de área para cada uso do solo no período 1998-2021.

> +O estrato florestal cresceu a uma taxa média anual de **0,03 ha/ano**;

> O estrato de terras menos produtivas diminuiu a uma taxa média anual de -**0,03 ha/ano**;

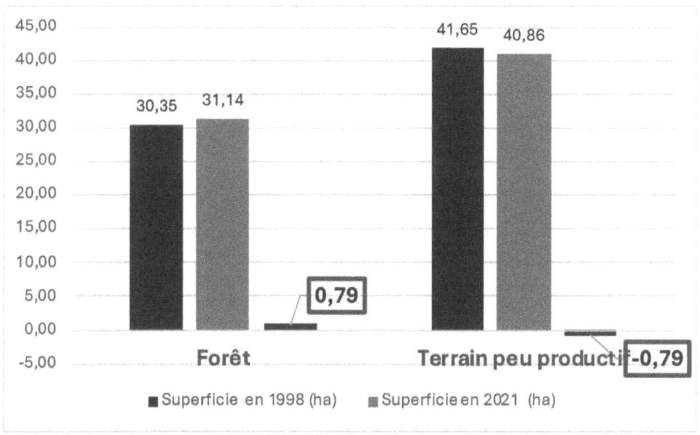

41Figura: Alteração da utilização dos solos em Ouameslakht entre 1998 e 2021

A análise das Figuras 41 e 42 mostra as mudanças ocorridas na área de estudo e a evolução das unidades de uso do solo na área de estudo entre 1998 e 2019, representada pela regressão da classe de terras menos produtivas a favor da floresta. Este facto leva-nos a supor que a vedação instalada na zona central teria um efeito positivo na recuperação do ecossistema de argão.

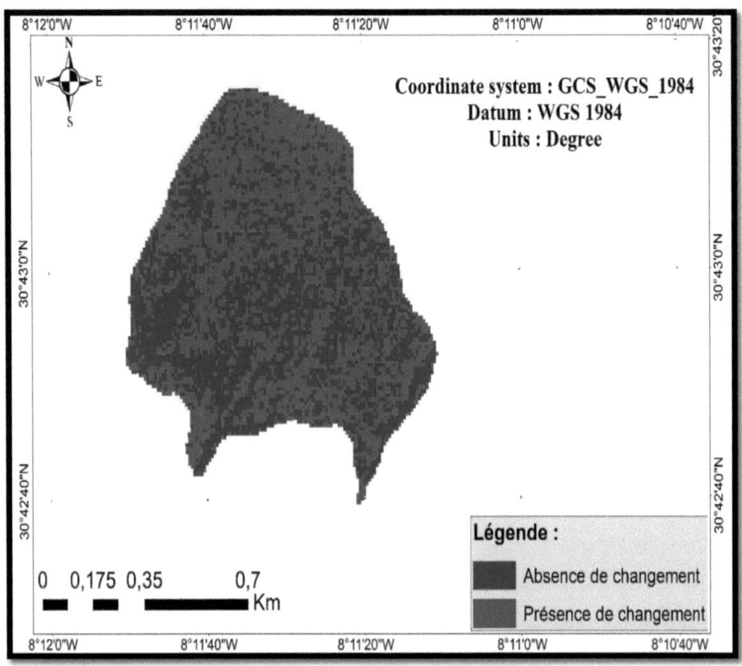

42Figura: Mapa das alterações da utilização dos solos na zona central de Ouamslakht entre 1998 e 2021

Conclusão

O Trends.Earth permitiu avaliar a ocupação do solo fazendo o ponto da situação da degradação dos solos na RBA e na zona central da RBA.

De acordo com os resultados fornecidos pelo Trends.Earth, a RBA sofreu alterações marcadas essencialmente por uma estabilização da sua cobertura vegetal em 94,67% da sua superfície. As ocupações degradadas em termos de cobertura representam 0,42%, enquanto as terras com cobertura melhorada representam 4,91% da superfície total da reserva.

Na zona central da RBA, a maior parte da ocupação do solo manteve-se estável, com 90,14%. As zonas de melhoria da ocupação do solo representam 9,20% da superfície total, contra uma quase ausência de degradação (0,66%).

Um estudo das imagens de satélite da zona central de Admine de 1998 e 2021 mostra uma dinâmica espacial desenvolvida. As necessidades estão a aumentar e, por conseguinte, as actividades aumentarão paralelamente a este crescimento. Isto reflecte-se no aumento das pastagens em detrimento da floresta.

No entanto, a zona de Ouameslakht registou um aumento da superfície florestal e estabelecimento de pousios revela-se muito necessário para garantir a sustentabilidade dos povoamentos de argão, protegendo-os simultaneamente da intervenção humana.

Conclusão geral e recomendações

A fim de reduzir o impacto das actividades socioeconómicas tradicionais locais no Arganeraie, o Estado reconheceu-o como Reserva da Biosfera do Arganeraie (ABR). Foi declarada a primeira reserva da biosfera pela UNESCO em 1998.

O objetivo do nosso estudo é avaliar o efeito da retirada de terras do argão (RBA) sobre o potencial de fixação de carbono nos ecossistemas de argão, nomeadamente na região biogeográfica das planícies de Souss e Dir. Para tal, foram escolhidos 2 locais (Admine e Ouameslakht) e em cada um deles identificámos três zonas, nomeadamente a zona central, a zona tampão e a zona de transição.

Inicialmente, este trabalho centrou-se na estimativa dos stocks de carbono nos vários reservatórios (biomassa acima do solo, biomassa abaixo do solo, necromassa e solo) nos 2 locais, e com base numa amostragem aleatória estratificada, tomámos 10 réplicas por zona, ou seja, 60 parcelas no total. Utilizando modelos de biomassa, foi possível estimar a biomassa acima do solo (lenhosa e foliar). Através da conversão da massa seca, foi possível estimar o stock de carbono na biomassa acima do solo e na madeira morta. Por fim, o carbono armazenado no solo foi calculado tendo em conta a densidade aparente, a concentração de carbono orgânico do solo e a profundidade do solo superior a 30 cm. Isto permitiu-nos estudar o efeito da zonagem no stock de carbono.

A quantificação do carbono nos diferentes reservatórios mostra que :

- ✓ O solo é o principal reservatório de carbono orgânico em cada zona, variando de 17,46 a 75,94 t C. ha^{-1}. De facto, o solo detém cerca de 85% da reserva total de carbono orgânico e mais de dois terços da reserva total de carbono;
- ✓ A biomassa acima do solo é o segundo maior reservatório de carbono (11% do carbono total), variando de 1,46 a 6,05 t C ha^{-1}, enquanto a biomassa lenhosa contribui com 94% do estoque de carbono acima do solo;
- ✓ A biomassa subterrânea é o terceiro maior reservatório de carbono (3% do carbono total), variando de 0,29 a 1,21 t C ha^{-1} ;
- ✓ A necromassa vem em último lugar, representando 1% do carbono total, variando entre 0,54 e 0,87 t C $ha^{(-1)}$). A folhada contém entre 0,11 e 0,46 t C ha⁻

[1] de carbono orgânico, o que dá uma reserva média de carbono na folhada de cerca de 0,27 t C ha⁻¹ e contribui com 43% para a reserva total de necromassa. A madeira morta armazena 0,35 t C ha⁻¹, contribuindo com 57%. Estes valores bastante baixos podem também ser explicados pela pressão a que a floresta está sujeita, incluindo o pastoreio de gado e a recolha de madeira morta e lenha pela população local.

Os resultados deste estudo mostram também que a comparação das existências de carbono nas albufeiras entre as diferentes zonas dos dois sítios mostra que a totalidade das existências de carbono é relativamente mais elevada nas zonas centrais dos dois sítios. No entanto, os testes estatísticos mostraram que o efeito de zonagem só é significativo no sítio de Ouameslakht, o que realça a eficácia da retirada de terras da produção como instrumento de gestão para a proteção dos ecossistemas.

Em segundo lugar, estudámos a dinâmica da ocupação do solo nas zonas centrais de Admine e Ouameslakht entre 1998 e 2021. Por um lado, a classificação supervisionada permitiu-nos distinguir as classes: Floresta, Rangelândia e Terras de Baixa Produtividade, enquanto a análise diacrónica nos permitiu destacar as várias mudanças no uso do solo.

Em Admine, a floresta sofreu uma regressão significativa a favor das pastagens, totalizando cerca de 73 ha, devido ao sobrepastoreio em particular e à pressão humana em geral. Em Ouameslakht, a floresta de argão aumentou 0,80 ha, graças à introdução de um sistema defensivo que proíbe as culturas e os movimentos transumantes.

O método de estimativa do stock de carbono utilizado neste trabalho, baseado em equações alométricas, continua a ser aceitável do ponto de vista metodológico e os resultados obtidos são razoavelmente precisos, apesar de estas equações não terem sido desenvolvidas à escala de cada sítio e de a ausência de estratos arbustivos e herbáceos não ter permitido calcular a quantidade de carbono sequestrado em todo o ecossistema.

Tendo em conta o que precede, recomendamos o seguinte:

- Reforçar a proteção das zonas centrais contra os factores de desflorestação e degradação (expansão das terras agrícolas, sobrepastoreio) através da instalação de vedações (físicas e/ou sociais). Esta proteção pode ser combinada com actividades de florestação ativa. Tal pode incluir o desenvolvimento de práticas como a regeneração natural assistida, a reflorestação ou a agro-silvicultura. Será o caso, nomeadamente, das zonas degradadas, mas também da periferia das zonas nucleares e das suas zonas-tampão;

- Analisar as mudanças no uso do solo nas diferentes áreas nucleares e nas suas correspondentes zonas tampão e de transição, a fim de estimar a taxa de conversão de terras florestais em terras não florestais;
- Estimativa do stock de carbono noutros ecossistemas florestais marroquinos (tetraclinaie e espécies introduzidas);
- Avaliar o efeito da retirada de outras espécies no potencial de fixação de carbono nos seus ecossistemas.

Referências

Aalde H., Gonzalez P., Gytarsky M., Krug T., Kurz W.A., 2006. Generic methodologies applicable to multiple land-use categories. 2006 IPCC guidelines for national greenhouse gas inventories. worldagroforestry.org, 226 p.

Aamou K., 2013. Estimation de la phytomasse foliaire des futaies adultes de l'Arganier et sa forage value dans le versant sud d'Amsitten (Commune Rurale d'Imgrad) Mémoire de 3 -ème cycle, ENFI, Salé. 49 p.

Achhal A., 1986. Etude phytosociologique et dendrométrique des écosystèmes forestiers du bassin versant du N'fis (Haut Atlas). Tese de Doutoramento em Ciências da Univ. Aix, Marselha, 204p.anexos 19 p.

Aguer A., 2015. SOLAG_couverts_vegetaux_et_carbone. Chambre d'agriculture des pays de la loire. N°8 du 06 octobre 2015, 14 p.

Arrouays D., Balesdent J., Germon J.C., Jayet P.A., Soussana J.F., Stengel P., 2002. Stocker du carbone dans les sols agricoles de France, Expertise scientifique collective. Ed INRA, 332 p.

Arrouays D., W. Deslais, J. Daroussin, J. Balesdent, J.L Dupouey, C. Nys, V. Badeau e S. Belkacem, 1999. Stocks de carbone dans les sols de France : quelles estimations ? CRAAF, 85 (6), pp. 278-292.

Askri Z., 2008. Contribution à l'évaluation de la séquestration du carbone par la suberaie et ses formations de dégradation (cas de la kroumirie au nord-ouest de la Tunisie. Relatório de 3.º ciclo, ENFI, Salé. 36 p.

Belghazi B., 1990. Etude de l'écologie et la productivité du pin maritime (Pinus pinaster var. Maghrebiana) en peuplements artificiels au Nord du Maroc, tese de doutoramento em Ciências Agronómicas, IAV.Hassan II, Rabat, 189 p.

Belghazi T., Ponette Q., Jonard M., Belghazi B., 2016. Biomassa lenhosa e foliar das copas de argão no planalto de Haha (Marrocos), pp. 159-166.

Belghazi T., Ouswati S., El Messoussi S., Chakib E., 2017. Sequestro de carbono orgânico em uma copa de argan no planalto de Haha, pp. 211-214.

Benabid A., 2000. Flore et écosystèmes du Maroc: Evaluation et préservation de la biodiversité. Ibis Press, 360 p.

Benchekroun F., Buttoud G., 1989. L'arganeraie dans l'économie rurale du sud-ouest marocain. Forêt méditerranéenne t. XI, n° 2, pp. 127-133.

Bendaanoun M., 1991. Contribution à l'étude écologique de la végétation halophile, halohygrophile et hygrophile des estuaires, lagunes, deltas et sebkhas du littoral atlantique et méditérranéen et du domaine continental du Maroc : Analyse climatique, pédologique et chimique, phytoécologique, phytosociologique et phytogéographique. Perspectivas de gestão, planeamento e desenvolvimento. Doc. Etat. Ciências Naturais Universidade Aix Marseille III, Marselha, 580 p.

Boudy P., 1950. Economia florestal do Norte de África. Tome II, morphologie et traitement des essences forestières. Ed. Larousse, Paris, 525 p.

Boudy P., 1952. Guide du forestier de l'Afrique du nord. Maison Rustique, Paris, pp. 121-120.

Boulmane, M., Makhloufi, M., Bouillet, JP, Saint-André, L., Satrani, B., Halim, M., & El Antry, S. (2010). Estimativa do stock de carbono orgânico em Quercus ilex Middle Atlas de Marrocos. Ata Botanica Gallica, 157, pp. 451-467.

Brown S., 2002. Measuring carbon in forests: current status and future challenges (Medição do carbono nas florestas: situação atual e desafios futuros). Environmental Pollution 116, pp. 363-372.

Brown S., e Lugo A.E., 1992. Estimativas de biomassa acima do solo para florestas tropicais húmidas da Amazónia brasileira. Interciercia 17, pp. 8-18.

Brown S., Sathaye, J., Cannell M., Kauppi P., 1996. Management of Forests for Mitigation of Greenhouse Gas Emissions, Grupo de Trabalho II, Segundo Relatório de Avaliação de 1995, Capítulo 24, Cambridge University Press, pp. 772-797.

Canadell J.G., e Raupach M. R., 2008. Managing forests for climate change mitigation. Science 320, pp. 1456-1457.

C.E.A.E.Q e M.A.P.A.Q. (2003). Determinação da matéria orgânica por determinação do carbono orgânico em solos agrícolas: método Walkley-Black modificado, MA. 1010 - WB 1.0, Ministère de l'Environnement du Québec, 2003, 10 p.

Chenu C., Klumpp K., Bispo A., Angers D., Colnenne C., Metay A., 2014. Armazenamento de carbono em solos agrícolas: avaliação de alavancas de ação para a França. Innovations Agronomiques 37, pp. 23-37.

Crowther T., Snoek M., Bradford C., Rowe K,. Todd-Brown N., Sokol W., Wieder J., Carey M., Machmuller M., Lavallee B., Snoek L., 2016. Quantificação das perdas globais de carbono do solo em resposta ao aquecimento.Nature, pp. 104-110.

Deb S., Bhanu P., Mandal B., Rakshit A., Singh H., 2015. Soil organic carbon: Towards better soil health, productivity and climate change mitigation (Carbono orgânico do solo: Para uma melhor saúde do solo, produtividade e mitigação das alterações climáticas). Alterações climáticas e sustentabilidade ambiental, 3(1), pp 26-34.

Derrière N., Wurpillot S., Vidal C., 2012. Madeira morta nas florestas. Número 29 (junho de 2012) do Institut nationale de l'information géographique et forestière (L'IF), 8 p.

Dixon R.K., Brown S., Houghton R.A., Solomon A.M., Trexler M.C., 1994. Carbon pools and fluxes of global forest ecosystems. Science, pp. 185-190.

Dupouey J.L., Pignard G., Badeau V., Thimonier A., Dhôte J.F., Nepveu G., Bergès L., Augusto L., Belkacem S. e Nys C., 1999. Stocks et flux de carbone dans les forêts françaises, C.R. Acad. Agric. Fit, 85(6), pp 293-310.

Emberger L., 1960. Traité de botanique systématique. Os vegetais vasculares. Tomo II, Fasc. 2, Ed Masson, pp. 852-855.

Emberger L., 1955. Uma classificação biogeográfica dos climas Rev. Trav. Lab. Bot. Geol. Zool, Fac Sci, Univ. Montpellier. 43 p.

Emberger L., 1925. O domínio natural da árvore de argão. Bull.Soc.Bot. Fr, Tomo 72; pp. 770- 774.

Emberger L., 1939. Aperçu sur la végétation du Maroc, Commentaire de la carte phytogéographique du Maroc (au 1/1.500.000) Inst. Sci. Chérif, Rabat, 157p.

FAO & ITPS, 2015. Status of the World's Soil Resources, Roma. : s.n, 48 p.

FAO, 2017. Carbono orgânico do solo: uma riqueza invisível. Organização das Nações Unidas para a Alimentação e a Agricultura, Roma, Itália. pp. 124-131.

FAO, 2020. Técnicas para estimar a biomassa florestal para diferentes reservatórios de carbono. 75 p.

IPCC, 2007. Alterações climáticas 2007: Relatório de síntese. 104 p.

IPCC, 2014. Alterações climáticas 2014. Impactos, Adaptação e Vulnerabilidade: resumo para os decisores políticos. 30 p.

Godron M., 1976. Amostragem fitoecológica. Nota n° 8, CNRS- CEPE Louis Emberger, 23 p.

Godron M., 1971. Ensaio sobre uma abordagem probabilística da ecologia vegetal. Tese de doutoramento em ciências naturais, USTL, Montpellier, 247 p.

Halpin P.N., 1997. Global climate change and natural area protection: management responses and research diretions. Ecological Applications 7(3), 828 p.

Hairiah, 2001. Métodos de simplificação dos stocks de carbono acima e abaixo do solo. Centro internacional de investigação em agroflorestação. Bogor, Indonésia. 32 p.

HCEFLCD, 2008. Relatório de avaliação decenal da Reserva da Biosfera de Arganeraie (ABR). 2008. 40 p.

HCEFLCD, 2010. Os ecossistemas naturais de Marrocos e as alterações climáticas: a resiliência ecológica posta à prova. 8 p.

Heller N.E., & Zavaleta E.S., 2009. Biodiversity management in the face of climate change: a review of 22 years of recommendations. Biological conservation 142 : pp. 14-32.

I.F.N., 1999. Inventário Florestal Nacional Marroquino. Relatório de síntese, Direção de Desenvolvimento Florestal, Rabat, 45 p.

IPCC, 2018. Aquecimento global de 1,5°C. Um Relatório Especial do PIAC sobre os impactos do aquecimento global de 1,5°C.

IPCC, 2006. Diretrizes para os inventários nacionais de gases com efeito de estufa. Agricultura, silvicultura e outras utilizações do solo. 67 p.

Keestrea S., Bouma J., Wallinga J., Tittonell P., Smith P., Cerdà A., Montanarella L., Quinton J., Pachepsky Y., Wim H., van der P., Moll G., 2016. A importância dos solos e da ciência do solo para a realização dos Objetivos de Desenvolvimento Sustentável das Nações Unidas. SOIL, 2: pp. 111-128.

Kozlowski T., Kramer P., Pallardyal S., 1991. The Physiological Ecology of Woody Plants, San Diego, California, Academic Press, inc. 657 p.

Landsberg J.J., Kaufmann R., Binkley D., 1991. Evaluating Progress Toward Closed Forest Models Based on Fluxes of Carbon, Water and Nutrients. Tree physiology, 9(1-2), pp. 1-15.

Lescuyer G., Locatelli B. 1999. O papel e o valor das florestas tropicais nas alterações climáticas.

Climático. BOIS ET FORETS DESTROPIQUES, 1999, n° 260 (2), pp. 5-17.

Le Quere C., Michael R., Raupach Josep G., Canadell M., 2009. Tendências nas fontes e sumidouros de dióxido de carbono . Nature Geoscience 2, pp. 831 - 836.

Lewis L., Gabriela L., Bonaventure S., 2009. Aumento do armazenamento de carbono em florestas tropicais africanas intactas. Nature 457, pp. 1003 - 1007.

Losi, C.J., Siccama T.G., Condit R., Morales J.E., 2003. Analysis of alternative methods for estimating carbon stock in young tropical plantations, Forest Ecology and Management184, pp. 355-368.

MacDicken K., 1997. A guide to Monitoring Carbon Storage in Foresty and Agroforesty Projects (Um guia para o monitoramento do armazenamento de carbono em projetos florestais e agroflorestais). Programa de Monitorização do Carbono Florestal. Winrock International Institute for Agricultural Development. 92 p.

Mahamane I., 2006. Etude de l'impact des transformations des ecosystemes forestiers sur le stockage de carbone dans la biomasse et dans le sol (cas du bv du bouregreg: région d'oulmès).

Maire R., 1939. Os bosques de argão de Beni Snassen. Botanica Notiser pp: 447-484.

Mao R., Zeng D., Lin Hu H., Jun L., 2010. Carbono orgânico do solo e reservas de azoto numa sequência de idades de povoamentos de choupo plantados em terras agrícolas marginais no Nordeste da China. Plant Soil. 332 (1-2), pp. 277-287.

Maxwell L., Victor C., Nigel D., Michael H., Sue S., 2020. Conservação baseada em áreas no século XXI. Nature 586: pp. 217-227.

McGhee W., Saigle W., Padonou E.A., Lykke A.M., 2016. Métodos para calcular a biomassa e o carbono das árvores na África Ocidental. Annales des Sciences Agronomiques, 20, pp. 79-98.

Mhirit O., Et-Tobi M., 2010. Les écosystèmes forestiers face au changement climatique : Situation et perspectives d'adaptation au Maroc. Changement climatique : Impacts sur le Maroc et options d'adaptation globales Rabat: Institut Royal Des Etudes Stratégiques, 260 p.

M'hirit O., El yousfi S.M., Benzyane M., Benchekroun F. & Bendaanoun M., 1998. L'arganier : une espèce fruitière-forestière à multiples usages. Mardaga. Bélgica, 145 p.

Mokssit A., 2012. Alterações climáticas em Marrocos. In: Ambiente E. ZEINOMAHMALAT e A. BENNIS eds. Konrad-Adenauer-Stiftunge, escritório em Marrocos, pp. 35-39.

Moore J.C., 2018. Previsão de pontos de inflexão em sistemas ambientais complexos. Actas da Academia Nacional de Ciências 115 (4), pp. 635-636.

Marianne R., 2009. As florestas e o ciclo do carbono. 321, pp. 88-92.

NAGGAR M., 2018. La gestion durable de l'arganeraie et les enjeux de lutte contre la désertification, 84 p.

Noumi N.V., Zapfack L., Pelbara P., Awe Djongmo V., Tabue Mbobda R., 2018. Florestação / Reflorestação Baseada em Gmelina Arborea (Verbenaceae) na África Tropical: Análise Florística e Estrutural, Armazenamento de Carbono e Valor Económico (Camarões). Sustentabilidade no Meio Ambiente 3: 161 p.

ONERR (Observatório Nacional de Estudos e Investigações sobre os Riscos), 2022. Marrocos: "A pior seca dos últimos 30 anos". Disponível em :

https://www.francetvinfo.fr/monde/afrique/economie-africaine/maroc-la-pire-secheresse-depuis-30-ans_4979094.html/. Visitado em 20 de abril de 2022 às 22:00.

Oubrahim H., 2015. Estimativa e mapeamento do estoque de carbono no ecossistema de quercus suber da mamora ocidental (cantões a e b) e estimativa de seu estoque de nutrientes, pp. 122-163.

O'Rourke M., Angers A., Holden M., McBratney B., 2015. Carbono orgânico do solo em várias escalas. Biologia das Alterações Globais, 21, pp. 3561-3574.

Pan Y., Birdsey R.A., Fang J., Houghton R., Kauppi P.E., 2011. A large and persistent carbon sink in the world's forests (Um grande e persistente sumidouro de carbono nas florestas do mundo). Science. 333, pp. 988-993.

Pellerin S., et Bamière L. (pilotos científicos), Launay C., Martin R., Schiavo M., Angers D., Augusto L., Balesdent J., Basile-Doelsch I., Bellassen V., Cardinael R., Cécillon L., Ceschia E., Chenu C., Constantin J., Darroussin J., Delacote P., Delame N., Gastal F., Gilbert D., Graux A-I., Guenet B., Houot S., Klumpp K., Letort E., Litrico I., Martin M., Menasseri S., Mézière D., Morvan T., Mosnier C., Roger-Estrade J., Saint-André L., Sierra J., Thérond O., Viaud V., Grateau R., Le Perchec S., Savini I., Réchauchère O., 2019. Stocker du carbone dans les sols français, Quel potentiel au regard de l'objectif 4 pour 1000 et à quel coût? Synthèse du rapport d'étude, INRA (França), 114 p. e a que custo? Resumo do relatório de estudo, INRA (França), 114 p.

Peltier J.P., 1982. La végétation du bassin versant de l'Oued Souss (Maroc). Tese da Univ. Grenoble, 201p + apêndices.

Pearson T., Brown S., 2005. Exploring the Carbon Sequestration Potential of Classified Forests in the Republic of Guinea: A Guide to Measuring and Monitoring Carbon in Forests and Grasslands. Winrock International, Arlington, VA, EUA. 39 p.

Pregitzer E., Euskirchen S., 2004. Carbon cycling and storage in world forests: biome patterns related to forest age. Global Change Biol ; (10) : 2052 p.

Quenea K., 2004. Estudo estrutural e dinâmico das fracções lipídicas e orgânicas refractárias dos solos de uma cronosequência floresta/pastagem (CESTAS, Sudoeste de França). Tese de doutoramento, Université Paris VI, França. 191 p.

Rhoufacha M., Effet de l'âge des peuplements de chêne-liège de la forêt de la Maâmora sur les différents réservoirs du stock du carbone 2021. Relatório de 3.º ciclo, ENFI, Salé. 49 p.

Rieuf P., 1962. Les champignons de l'arganier. Les cahiers de la recherche Agronomique, INRA, Rabat, 15 p.

Ruiz-Peinado R., Bravo-Oviedo A., López-Senespleda E., Montero G., 2013. Os desbastes influenciam os stocks de biomassa e de carbono do solo nos pinhais mediterrânicos? Jornal Europeu de Investigação Florestal. 132, pp. 253-262.

Ryan G.M., 1991. A Simple Method for Estimating Gross Carbon Budgets for Vegetation in Forest Ecosystems. In: Tree Physiology, 9 (1-2), p. 255-266.

Scaramuzza, P., Micijevic, E., 2004. Chander, G.: SLC Gap-Filled Products Phase One Methodology. 145 p.

Shaiek O., Loustau D., Garchi S., Bachtobji B., EL aouni M.H., 2010. Estimativa alométrica da biomassa de pinheiro bravo em dunas costeiras: o caso da floresta de Rimel (Tunísia). Revue Forêt méditerranéenne, XXXI, n° 3, pp. 231-241.

Vigot M., 2012. Le carbone organique des sols cultivés de Poitou-Charentes ; quantification et évolution des stocks. Chambre d'agriculture de Poitou-Charentes/RMT Sols et territoires, 24 p.

Waring R.H. e W.H. Schlesinger, 1985. Forest Ecosystems: Concepts and Management, Academis Press, Orlando, Florida, 340 p.

Walkley A., e Black I.A., 1934. Um exame do método Degtjareff para determinar a matéria orgânica do solo e uma proposta de modificação do método de titulação com ácido crómico. Soil Sci. 34: pp. 29-38.

Woomer P.L., Tieszen L.T., Tschakert P., Parton W.T., Touré A., 2001. Landscape Carbon Sampling and Biogeochemical Modeling: A two-week skills development workshop conducted in senegal. SACRED África, Nairobi, Quénia, 69 p.

Zaher H., Benjelloun H., Mahamane I., 2019. Efeito da degradação dos ecossistemas de carvalho no armazenamento de carbono nas florestas do sul do Mediterrâneo. Jornal de meio ambiente e ciência. DOI: 10.32474/OAJESS.2019.04.000185.

Apêndices

1Apêndice: Ficha de inventário por parcela e estrato

1. Medidas dendrométricas da árvore de argão :

PLACET N° :			ZONA :			
Dados de contacto			X=		Y=	
Árvore não.	Dieta	C $_{1,30}$ (cm)	H (m)	Número de ramos (por videira)	Diâmetro Da coroa	
					D1	D2

2. Medição da matéria seca na necromassa

ZONA :		
Dados de contacto	X=	Y=
Estrato	Peso fresco (g)	Peso seco (g)
Lixo		
Madeira morta		

43Figura: Medição da altura e da circunferência de uma argânia situada na zona central de Ouameslakht.

44Figura: Amostragem do lixo

45Figura: Amostras de madeira morta de diferentes zonas

46Figura: Amostras de solo de diferentes zonas

47Figura: Secagem de amostras de solo para medir a densidade aparente

3Apêndice : Pastoreio excessivo na zona central de Admine

Printed by Books on Demand GmbH, Norderstedt / Germany